AF224868

HISTOIRE NATURELLE

ET GÉNÉRALE

DES GRIMPEREAUX

ET

DES OISEAUX DE PARADIS.

Par J. B. AUDEBERT et L. P. VIEILLOT.

A PARIS,

Chez Desray, Libraire, rue Hautefeuille, N° 36.

AN XI = 1802.

OISEAUX DORÉS

OU

A REFLETS MÉTALLIQUES.

TOME SECOND.

A PARIS,

DE L'IMPRIMERIE DE CRAPELET.

AN XI.

HISTOIRE NATURELLE

DES

GRIMPEREAUX SOUÏ-MANGAS.

DISCOURS PRÉLIMINAIRE,

Par CAMILLE, de Genève.

Un plumage d'or à reflets éblouissans n'est point le partage
exclusif des Colibris. La Nature, toujours riche, toujours
féconde, n'a pas été moins magnifique envers les *Grimpereaux Souï-mangas*, les *Guit-guits* et les *Héo-rotaires*. Ces
brillans oiseaux, embellis des couleurs les plus vives, les plus
moelleuses, semblent parés de pierreries et de velours. Rien
ne surpasse leur éclat ; et par un surcroît de charmes, plusièurs
joignent à cette extrême beauté le gosier le plus harmonieux.

Les *Grimpereaux Souï-mangas* habitent l'Afrique et l'Asie.
Presqu'aussi nombreux que les Colibris, ils y remplacent cette
famille attachée au Nouveau-Monde. Bien des Voyageurs,
trompés par le feu de leurs couleurs, les ont confondus avec
eux, quoiqu'ils en diffèrent par leur conformation et leurs
habitudes. Ils ne vivent pas comme les Colibris, uniquement
du miel des fleurs : plus robustes et plus forts, ils joignent
des insectes à cette nourriture trop légère. Le *Colibri*, sans
cesse autour des fleurs, ne fait que les caresser ; le *Souï-
manga*, plus utile, les nettoie, les délivre des petits insectes
qui les flétrissent, et semble jaloux de leur conserver un éclat
digne de figurer auprès du sien. Par une différence encore
plus marquée, il supporte la captivité. Au Cap de Bonne-
Espérance, on l'élève dans des volières, on le nourrit de
mouches et d'eau sucrée ; mais le Colibri, tout aérien, ne
peut être captif ; il meurt, quoiqu'on lui présente la même
nourriture : sans doute que ne touchant point aux insectes,
cette eau sucrée ne peut le soutenir.

Les *Guit-guits* indigènes d'Amérique s'éloigneraient encore plus des Colibris, si, comme le savant Montbeillard le
rapporte, ils volent par troupes, ne sucent point les fleurs,
se nourrissent de fruits et d'insectes, et vivent en société
avec les oiseaux de leur espèce, et avec d'autres petits oiseaux, tels que les Tangaras, les Sittèles. Cependant les
Créoles de Cayenne qui les voient de plus près, donnent assez
généralement aux *Guit-guits* le nom de *Colibris ;* ne devrait-
on pas en conclure qu'ils trouvent entr'eux quelque ressemblance? Nous serions tentés de le croire, puisque VIEILLOT,
observateur très-exact, a vu à Saint-Domingue le *Guit-guit
sucrier* (Certhia flaveola) se stationner en l'air devant les
fleurs comme les Oiseaux-mouches, et en recueillir le miel.
Son vol, il est vrai, n'était pas continuel ; car après avoir
visité quelques fleurs, il se reposait, et ne faisait que de
momens en momens cette douce récolte.

Le nom de *Souï-mangas* que porte à Madagascar une belle
espèce de ces oiseaux, a été donné par Montbeillard à la
famille entière. Il les a distingués par-là des Grimpereaux
étrangers à l'Afrique et à l'Asie. Ce Naturaliste a de même
appliqué aux oiseaux d'Amérique qui ont des rapports avec
nos Grimpereaux, le nom de *Guit-guits* donné par les Sauvages du Brésil à une très-belle espèce. VIEILLOT, d'après
cet exemple, a étendu le nom d'*Héo-rotaires* à tous les
oiseaux de ce genre qui se trouvent aux îles de la mer du
Sud et de la mer Pacifique. Celui de *Grimpereau* est resté
à ceux d'Europe, et bien convenablement, puisqu'ils grimpent
sans cesse, ne cherchant et ne trouvant leur nourriture que
le long des arbres, des murailles et des rochers.

Quoique ce nom générique de *Grimpereaux* ne convienne
guère à la plupart des *Guit-guits* et des *Souï-mangas,* nous
le leur conserverons, parce que les Ornithologistes l'ont généralement adopté d'après les Méthodistes.

Les Méthodistes ont placé dans le même genre tous les

oiseaux dont le bec et les pieds sont à-peu-près pareils : ils ont classé de même les animaux d'après les pieds et les dents, et les insectes d'après la bouche et les antennes.

Quelqu'étrange que paraisse d'abord cette manière de classer, qui pourrait exposer à confondre, d'après quelques rapports superficiels, les espèces les plus disparates, nous nous garderons bien de la blâmer. La science est devenue trop vaste, trop compliquée, pour pouvoir être embrassée d'un coup-d'œil : la confusion l'accompagne ; il a fallu suppléer à la faiblesse de notre mémoire, trouver un moyen sûr et abréviateur qui permît de démêler sans fatigue, de distribuer avec ordre l'effrayante multitude d'objets à étudier. Mais il faut user sagement de ce secours, de peur de le rendre pernicieux ; car si chacun, si les maîtres, et sur-tout les écoliers, voulaient donner des méthodes, il faudrait bientôt des méthodes pour débrouiller les méthodes, et de-là une confusion dont on ne pourrait sortir. D'ailleurs, quel avantage, quel honneur en espérer ? De même qu'on n'est point historien pour écrire une gazette ou quelque table chronologique, on n'est point naturaliste pour compter des griffes et des becs, et compiler quelque froide nomenclature. Bien loin de l'être, on détruirait la science en la présentant sous des dehors si ingrats. Ce n'est pas ainsi que BUFFON s'est couvert de tant de gloire. Pour peindre la Nature, et la faire aimer, il n'en présenta point le squelette. Doué de la plus rare éloquence, profondément instruit, il adoucit, il para de mille charmes ce que la science avait d'âpre et d'aride ; il féconda la stérilité, fit germer des fleurs jusques sur le sable ; et pour me servir des expressions de ce grand homme, il sut *élaguer le chardon et la ronce, et multiplier par-tout le raisin et la rose*. Mais cet admirable exemple sera difficilement imité, et l'on verra bien des *Méthodistes* avant de revoir un BUFFON.

On a donc d'après leur bec et leurs pieds, rangé dans la

classe des GRIMPEREAUX, les *Souï-mangas*, les *Guit-guits*
et les *Héo-rotaires*, quoique la plupart ne grimpent point,
que leurs habitudes et leurs mœurs soient très-différentes,
ainsi que leur manière de se nourrir. Ils en diffèrent encore
par bien d'autres traits. Nos Grimpereaux, couverts d'un plumage grisâtre, sur lequel (seulement dans la grande espèce)
on remarque un peu de rose, n'ont rien de commun avec
le lustre de ces brillans étrangers. Ils n'ont qu'un petit cri monotone, tandis que plusieurs *Souï-mangas* ont un chant mélodieux. Aux îles de la mer Pacifique, le Grimpereau, surnommé *Moqueur*, est doué d'un gosier si flexible, d'un ramage
si gai, si varié, qu'il forme des sons toujours nouveaux. Lorsqu'un de ces oiseaux chante, on croit entendre péle-mêle des
Pinçons, des Rossignols et des Fauvettes.

Que la Nature est merveilleuse! Quelle richesse! quelle
inépuisable variété! Imposante dans ses grandes productions,
et non moins admirable dans les petites, c'est principalement
lorsqu'elle paraît devoir être bornée, qu'elle se montre avec
plus d'aisance et plus de splendeur. Qu'elle est belle en ces charmans oiseaux! Quel heureux mélange de grace, d'harmonie
et de magnificence! Elle ne leur donne pourtant pas ces
riches couleurs d'un seul coup de pinceau; ce beau travail
semble lui coûter; il faut plusieurs mues et quelquefois trois
années pour le rendre parfait. C'est le mâle sur-tout qu'elle
décore avec tant de luxe; des nuances plus ternes sont réser-
vées aux femelles. Parmi tous les êtres, le mâle est toujours
le plus beau. La seule compagne de l'homme est plus brillante que son époux; élégance, beauté des formes, éclat
des couleurs, tout ce qui peut charmer lui fut prodigué; mais
associée au roi de la terre, elle devait régner, et régner par
ses attraits.

Cependant les femelles de ces oiseaux sont encore très-pa-
rées et très-belles. L'amour est l'occupation des deux sexes : dès

l'aurore, ils se recherchent pour se caresser : tantôt ils volent
par groupes comme de petits nuages colorés d'or et de rose;
tantôt ils se poursuivent dans les bocages, se jouent sur des
rameaux fleuris, et tout étincelans de feux, justifient alors
ces récits poétiques où l'imagination donne pour fruits aux
arbres des escarboucles, des améthistes, des saphirs.

La fécondité suit le plaisir : bientôt un nid plus doux que
la soie, composé du seul duvet des plantes, renferme leur
naissante famille. Mais ces charmans oiseaux, qui ne semblent faits que pour jouir, connaissent aussi l'affliction. Une
affreuse araignée, rousse, velue, armée de pinces, se cache
près de leur nid, épie les momens d'absence, et dévore souvent la couvée. Si la mère ou le père revient seul au mo-
ment du carnage, l'horrible insecte ose l'attaquer, et tâche
de le saisir à la gorge; mais l'oiseau redoublant de vivacité,
fait étinceler son plumage, éblouit son ennemie, la perce
à grands coups de bec, et venge ainsi courageusement sur
elle la perte de son espérance. Dans l'île de Cayenne où
ces araignées sont très-communes, on admire l'adresse avec
laquelle le Guit-guit noir et bleu sait s'en préserver. Comme
un nid ordinaire, fait en coupe, et assis sur une branche,
serait trop exposé, il suspend le sien à l'extrémité d'un
rameau flexible, lui donne la forme d'une grosse poire alongée, dont la queue serait recourbée vers la terre, et de cette
espèce de queue, longue au moins d'un pied, et ouverte
par le bout, se fait un canal étroit pour pénétrer au fond
du nid, qui n'a pas d'autre issue. Ce petit fort le met à l'abri
non-seulement des insectes, mais aussi des serpens et des
lézards.

Plus on observerait ces oiseaux, plus on rencontrerait
d'agréables détails. Malheureusement pour le Naturaliste
Européen, ils ne sont point voyageurs; on ne peut les étudier que dans leur patrie. Placés sous l'heureux ciel des

tropiques, les frimats ne les exilent jamais ; leurs bocages sont toujours verds , les fleurs toujours écloses. Pourquoi fuiroient-ils ? Entourés de biens , ils savent en jouir ; et plus sages que les hommes, n'abandonnent point le bonheur pour des chimères.

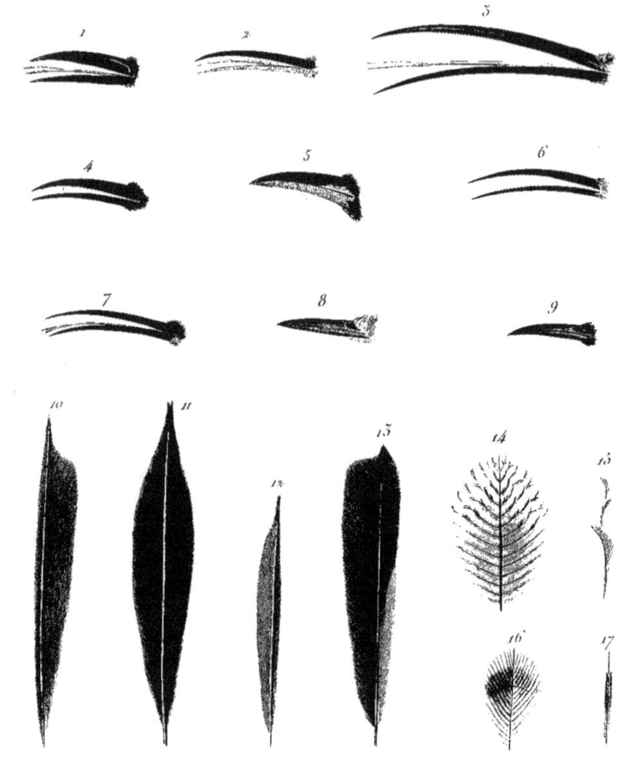

Planche 1.{ere}

CARACTÈRES GÉNÉRIQUES.

L E bec effilé, courbé en arc, allant toujours en diminuant, et finissant
en pointe très-aiguë; jambes couvertes de plumes jusqu'au talon; quatre
doigts, trois devant, un derrière; celui du milieu étroitement uni avec
l'extérieur depuis son origine jusqu'à la première articulation. (Brisson.)
Le bec presque triangulaire; la langue aiguë. (Linné. Gmelin.)

Les narines petites; la langue variable dans sa forme [1]; les pieds d'une
force moyenne; le doigt de derrière grand; les ongles crochus et longs;
la queue composée de douze pennes. (Latham.) Le caractère tiré des
narines par ce dernier Méthodiste ne peut être généralisé d'après son
aveu même; car il dit dans une note, que plusieurs espèces les ont assez
grandes et couvertes d'une membrane. J'ajouterai que dans d'autres, et
particulièrement dans le Grimpereau *Héo-rotaire* noir et blanc, elles sont
très-longues, et à moitié couvertes [2]. Toutes les espèces renfermées
dans ce genre n'ont pas le bec caractérisé de la même manière. Le Grimpereau (*certhia familiaris*) l'a tel qu'on le dit ci-dessus. Les mandibules
sont unies sur leurs bords (*fig.* 2); mais dans presque tous les Souï-
mangas, elles sont au contraire dentelées comme une scie; les dents sont
plus ou moins grandes, plus ou moins écartées dans certains individus.
Celles de la mandibule supérieure correspondent tellement à celles de
l'inférieure, qu'elles s'engrènent les unes dans les autres (*fig.* 3 *et* 6).
Quelques-uns ont le bec court et peu arqué (*fig.* 9). Les Guit-guits ont
les mandibules unies comme le Grimpereau européen; mais elles diffèrent
en ce que la supérieure a une petite échancrure à son extrémité (*fig.* 4).
Le Guit-guit vert a le bec plus fort, plus court et très-peu arqué, seules
différences d'avec le précédent (*fig.* 5). Enfin, parmi ceux des Grim-

[1] Ce caractère doit être exclus, puisque d'autres genres, comme on le verra par la suite, renfer-
ment des espèces qui ont aussi la langue différemment conformée.

[2] Voyez planche 1ère, fig. 1, le bec de cet oiseau. Ce bec, ainsi que tous ceux qui sont sur cette
planche, sont grossis de moitié, afin qu'on puisse distinguer plus facilement les divers caractères
que j'indique. Les pennes de la queue sont de grandeur naturelle, et les plumes du Souï-manga et
de l'Oiseau de Paradis sont vues au microscope.

pereaux *Héo-rotaires* dont j'ai pu examiner le bec, j'ai vu qu'il n'avait ni dents, ni échancrure (*fig.* 7). Tous ne l'ont pas pareil dans cette famille : les uns l'ont très-arqué, en forme de faucille, et d'autres presque droit, *comme* on peut le voir en comparant les figures que nous donnons de ces oiseaux.

Les Méthodistes ont tiré un caractère générique de la langue ; mais ils n'auraient pas dû le donner pour tel : il n'est que spécifique, comme on va le voir , puisque celui qu'ils indiquent n'appartient qu'au Grimpereau européen (*fig.* 2). Beaucoup de Souï-mangas, quelques Guit-guits et plusieurs Héo-rotaires ont la langue bifide, c'est-à-dire divisée en deux filets, comme celle des Colibris (*fig.* 3). Les uns, depuis la moitié jusqu'à l'extrémité, et les autres un peu avant cette dernière ; d'autres l'ont *ciliée* au bout, c'est-à-dire en forme de pinceau (*fig.* 7) ; dans quelques-uns, elle est divisée en deux, et chaque division est ciliée (*fig.* 1). La langue variant dans ses formes, indique que toutes ces espèces cherchent leur nourriture de diverses manières, et que les alimens ne sont pas les mêmes pour toutes. Celles qui sont obligées de les chercher sur l'écorce des arbres, dans les gerçures et les crevasses des murs et des rochers , ont ordinairement la langue pareille à celle du Grimpereau proprement dit. Parmi les autres, on a observé que.les oiseaux dont la langue est divisée en deux filets, ou ciliée à son extrémité , joignaient aux insectes le miel des fleurs. Ceux-ci ne grimpent pas, mais saisissent leur proie sur les feuilles, dans la corolle des fleurs et même en l'air. C'est à tort que l'abbé Ray dit, dans sa Zoologie (pag. 247 , article du *Grimpereau*) « qu'ils ne sucent pas les fleurs, et ne pourraient le faire ; que leur » langue n'y est pas destinée comme celle des Colibris ». Cette opinion de Ray est aussi celle des Ornithologistes de l'*Encyclopédie méthodique.* Il paraît que ces Auteurs ne connaissaient pas les diverses formes des langues des Souï-mangas et des Guit-guits, et qu'ils ne voyoient dans tous les Grimpereaux qu'une langue pareille à celle de l'Européen. Cependant s'ils avaient voulu lire dans Buffon , l'article du Souï-manga pourpre , ils auraient vu qu'Edwards y est cité comme ayant dit que cet oiseau a la langue divisée par le bout, et que plusieurs vivent du suc des fleurs ; mais Ray, comme bien d'autres, ne cherchait dans les Ouvrages de cet illustre Naturaliste que des erreurs inévitables pour celui qui décrit des oiseaux étrangers d'après des mémoires qu'il croit véridiques. Lorsqu'on veut faire une juste critique, il ne faut pas combattre une erreur par une autre, et croire qu'un ton tranchant la fera passer pour une vérité. Il faut prouver avec des faits tirés des habitudes , de la manière de vivre , et avec des observations prises sur les oiseaux vivans ; mais ce Zoologiste

n'avait peut-être pas même examiné leurs dépouilles : je serais presque
tenté de le croire. Il en est beaucoup qui décrivent ainsi, et cependant
contredisent des observations faites sur la Nature. J'ajouterai à ce qu'a
dit Montbeillard, ce que m'a assuré un Naturaliste instruit, très-bon
observateur (Perrein de Bordeaux [1]), qui a étudié la manière de vivre
des Souï-mangas sur la côte d'Afrique, pendant plusieurs longs voyages.
Il assure que les Souï-mangas pompent le suc des fleurs comme les Colibris. Enfin, M. Latham cite des *Héo-rotaires* se nourrissant de même,
au rapport des Naturalistes qui ont voyagé aux Terres australes et dans
les îles de la mer Pacifique.

Parmi ces Grimpereaux, plusieurs ont les pennes de la queue d'une
forme différente. Celles des Souï-mangas et Guit-guits sont arrondies par
le bout ; plusieurs des premiers ont les deux intermédiaires beaucoup
plus longues que les autres. Le Grimpereau ordinaire les a roides, pointues et comme usées à l'extrémité (*fig.* 12). Sa queue lui servant de
point d'appui pour le soutenir lorsqu'il grimpe, éprouve un frottement
qui en use le bout. C'est le seul connu jusqu'à présent qui les ait ainsi
conformées. Plusieurs *Héo-rotaires* les ont comme tronquées, et finissant tout d'un coup par une petite pointe (*fig.* 15). Ces différences peuvent paraître minutieuses ; cependant on doit y avoir égard, lorsqu'elles
sont des indices certains de quelque habitude particulière. Peut-être
pour faire une bonne méthode, faudrait-il rapprocher toutes ces différences, sur-tout dans les genres aussi nombreux que celui-ci. Au moins
si elles ne peuvent être génériques, elles serviraient à la distinction des
espèces. Quoi qu'il en soit, il est certain qu'on ne peut mettre trop de
circonspection, lorsqu'on applique aux espèces étrangères des caractères
tirés d'une espèce européenne.

Ce genre contenant un grand nombre d'espèces très-différentes, comme
je viens de le dire, par leur physique, et même par leurs mœurs, j'adopterai la division de Montbeillard. Je rangerai dans la première section,
sous le nom de *Souï-mangas*, les Grimpereaux d'Afrique et de l'Inde,
vulgairement appelés *Sucriers;* dans la seconde, ceux de l'Amérique méridionale sous celui de *Guit-guits ;* dans la troisième, les espèces peu
connues et même nouvelles qui n'habitent que les îles des mers Australe
et Pacifique. Je donnerai à ces derniers, pour les distinguer des précé-

---

[1] C'est d'après ses Mémoires, qu'il a bien voulu me communiquer, que je ferai connaître plusieurs
espèces nouvelles qu'il conserve dans sa nombreuse collection.

dens, le nom d'*Iléo-rotaires*, que porte une espèce de cette famille dans l'île d'*Oatii*. Parmi eux, plusieurs ont de l'analogie avec les Souï-mangas, par leur manière de se nourrir; et avec les Guit-guits, par un plumage orné de belles couleurs, sans reflets métalliques. Quelques-uns ont un caractère particulier et commun à plusieurs autres oiseaux des mêmes pays, mais étrangers aux précédens; c'est d'avoir les plumes des parties postérieures de la tête et du haut du cou plus longues que ne l'ont ordinairement les oiseaux. Ce qui fait paraître ces parties plus grosses qu'elles ne le sont réellement.

La quatrième section [1] sera composée des vrais Grimpereaux, c'est-à-dire de ceux qui grimpent réellement le long des arbres, des rochers et des murailles. J'y joindrai le Pic Grimpereau, connu sous le nom de Picucule. Cet oiseau a plus d'analogie avec ces derniers qu'avec les Pics dont il n'a que la taille; car son bec est pointu et arqué, et celui des Pics est droit; de plus, les pennes de la queue qui ont donné lieu au rapprochement qu'en a fait Buffon, ont plus d'analogie avec celles du Grimpereau commun, et sont moins fortes et autrement conformées que celles du Pic [2]. Gmelin l'a rangé, d'après Latham, dans le genre du Mainate (*gracula*). Celui-ci prétend que, d'après sa forme, il ne peut rester entre les Pics et les Grimpereaux où l'a placé Buffon, et il l'a fixé avec les Mainates (*grakle*), parce que, suivant ce Méthodiste anglais, il a quelque analogie avec ce genre. Il serait à desirer qu'il eût indiqué en quoi consiste cette analogie; car elle est difficile à deviner. Buffon avait raison de lui en trouver avec les Grimpereaux et les Pics, au moins par la manière de chercher sa nourriture, puisque, pour se la procurer, il grimpe continuellement comme les uns et les autres, et que son bec ressemble beaucoup à celui du Grimpereau. Mais c'est en vain que je lui cherche du rapport et dans le physique et dans les habitudes avec un de ces Mainates, le *Quiscale.* (*purple grakle*) [3]. Je crois, comme Buffon, que s'il n'appartient pas au genre dont je le rapproche, il doit être isolé : ce qui me confirme dans cette opinion, c'est que ses pieds sont conformés d'une manière différente de ceux des autres oiseaux, le

---

[1] Cette section devrait être la première dans une histoire complète, puisque les oiseaux qui la composent donnent leur nom au genre; mais cet Ouvrage, faisant suite aux Oiseaux-mouches, on a cru devoir le commencer par ceux qui, par le plumage et les habitudes, ont quelques rapports avec eux.

[2] Voyez même planche, une penne de la queue du Picucule, fig. 10; une du Pic, fig. 11; enfin une du Grimpereau, fig. 12. On a dessiné ces trois pennes, afin que la comparaison fût plus facile.

[3] Je cite cet oiseau, parce que je l'ai observé avec attention en Amérique. Je pourrais en citer d'autres, quoique leurs mœurs me soient inconnues, mais dont le physique offre la même différence.

doigt du milieu étant le plus long chez ceux qui ont trois doigts devant et un derrière. Dans celui-ci, c'est l'extérieur, ensuite l'intermédiaire; enfin, l'intérieur est beaucoup plus court que les deux autres; mais il ne peut être réuni au Talapiot, qui n'a rien de son physique. Ils se plaisent ensemble, il est vrai; ils grimpent l'un et l'autre; mais cette raison n'est pas suffisante. Enfin, je termine par deux oiseaux que je nomme Grimpereaux à bec droit [1], si toutefois on peut les nommer ainsi.

Cette section ne sera composée que de deux espèces. La première est le Grimpereau varié des Etats-Unis d'Amérique. Les Auteurs qui en ont parlé l'ont rangé parmi les Motacilles, à l'exception d'Edwards, qui le premier l'a fait connaître, et lui a donné le nom de Grimpereau (*creeper*) : sans doute il ne l'a fait que parce qu'il avait eu connaissance de ses habitudes par son correspondant de Philadelphie. Je l'ai observé dans le même pays, et voyant qu'on n'était pas d'accord, j'ai répété plusieurs fois mes observations. J'ai vu que ceux qui ne connaissaient que son physique, et peut-être même que sa figure d'après Edwards, l'ont placé parmi les Motacilles, dont il se rapproche beaucoup par la forme du bec; mais il tient particulièrement aux Grimpereaux par les habitudes, grimpant continuellement sur les arbres dans tous les sens, horizontalement, circulairement, de haut en bas, et de bas en haut : mais je ne lui en ai reconnu aucune des Motacilles. Quant à celui à gosier jaune, je ne connais que sa dépouille, et c'est d'après ses couleurs que je l'ai placé ici. Il a beaucoup de rapport avec les Souï-mangas; car le dessus du corps et la gorge sont d'un vert à reflets métalliques, et il a sur le côté de la poitrine deux petites touffes de plumes jaunes qui sont les attributs d'un grand nombre de ces oiseaux. Quoique je donne à ces deux espèces le nom de *Grimpereaux*, je ne prétends pas les identifier avec les autres; mais je les place à leur suite, comme faisant le passage de ceux-ci aux Motacilles, tenant aux premiers par le plumage ou les habitudes, et aux seconds par un bec qui diffère peu du leur.

Audebert a démontré avec beaucoup de clarté, que si la même couleur offre à l'œil des nuances variées et même opposées; l'effet en est dû à la forme des barbes et barbules des plumes. (Voyez *l'Introduction et la planche 1ère des Colibris.*) Celles de plusieurs Souï-mangas, Oiseaux de Paradis et Promerops offrent les mêmes effets; mais quelques-unes ont une forme différente de celles des Oiseaux-mouches. C'est pourquoi

---

[1] Voyez même pl. fig. 8, le bec du Grimpereau varié. Il doit incliner un peu vers sa pointe, mais c'est peu sensible. Celui qu'a figuré Edwards, pl. 500, l'a un peu plus arqué.

nous en avons fait figurer sur la planche 1re de ce volume. Celle représentée (*fig.* 16) appartient à la poitrine du Souï-manga L'ECLATANT. La barbe (*fig.* 17) est composée de barbules de trois couleurs différentes. Elles sont longues, duvetées et noires depuis son origine jusque vers le milieu. Celles-ci n'ont aucun éclat, étant couvertes de duvet. Celles du milieu sont aussi longues; mais n'étant pas duvetées, elles présentent des reflets changeant en bleu, vert et violet. Les dernières sont rouges. Cette couleur diffère de la précédente, en ce qu'elle est matte et brillante sans reflets : ce qu'Audebert attribue à la petitesse des barbules. Elles sont réellement si courtes, qu'on ne peut les appercevoir qu'avec une forte loupe. Lorsque les plumes sont couchées les unes sur les autres, le rouge seul est apparent sous un aspect; mais sous d'autres, il paraît mélangé de violet, de bleu et de vert, selon la direction de la lumière, et quelquefois toutes ces couleurs sont visibles en même temps, comme on le voit dans le Souï-manga à poitrine rouge (*pl.* 8); ce qui résulte de la forme de l'extrémité des barbes, dont les barbules ne peuvent couvrir la partie colorée du milieu de chaque plume.

La fig. 14 représente une plume de la gorge de l'oiseau de Paradis le *Calybé*. Ses barbes (*fig.* 15) ont leur tige d'une forme particulière. Elles sont composées de trois parties coudées en sens contraire. Les barbules sont aussi disposées différemment que dans les autres plumes. Elles vont en augmentant de grandeur sur chaque coude; c'est-à-dire qu'à la base de chacun, elles sont plus petites qu'à l'extrémité. De plus, elles sont courbées dans un sens inverse, de manière que si celles de la première partie de la tige se courbent à gauche, celles de la seconde le font à droite, et les dernières comme les premières ; ce qui fait paraître les plumes frisées en différens sens, lorsqu'elles sont couchées les unes sur les autres. De plus, ces barbules ayant des couleurs éclatantes et changeantes, présentent en même temps, d'après leur disposition, le cou et la gorge de l'oiseau couverts de nuances ondoyantes.

L'Éclatant

HISTOIRE NATURELLE

DES

GRIMPEREAUX SOUÏ-MANGAS.

L'ÉCLATANT.

PLANCHE II.

Violet éclatant; poitrine rouge; ailes et queue noires.

S'il est des oiseaux dont le physique soit difficile à décrire, ce sont, il n'y a pas de doute, ceux dont les couleurs présentent des reflets changeans. Aussi tous les Ornithologistes diffèrent-ils dans leurs descriptions, lorsqu'ils les ont faites d'après nature. On ne détermine pas non plus aisément ceux qui ont besoin de plusieurs années pour passer d'un plumage ordinaire et presqu'uniforme à l'éclat le plus riche et le plus brillant [1]. Les Souï-mangas sont de ce nombre. Pour les bien distinguer,

---

[1] Les Ornithologistes, toujours trompés par ces passages d'une mue à l'autre, ont fait beaucoup de variétés qui n'existent pas, puisqu'aux mêmes époques les couleurs sont constantes dans tous les individus de la même espèce, selon leur sexe. Si cette distinction était adoptée, on ne verrait que des variétés dans les oiseaux qui n'acquièrent les couleurs caractéristiques qu'après un certain laps de temps.

La même erreur existe à l'égard de ceux qui muent deux fois l'année. Les Auteurs de l'*Encyclopédie méthodique* se trompent, lorsqu'ils disent (voyez le mot *Plumage*) « que les oiseaux en qui » ces changemens ont lieu, appartiennent tous aux régions les plus chaudes de l'ancien et du nouveau » continent, et que l'histoire des oiseaux ne présente rien de semblable par rapport à ceux qui vivent » dans les pays tempérés ou pays froids. Il paraît, ajoutent-ils, que les mues multipliées sont un » effet de la surabondance des sucs nourriciers qui sont eux-mêmes le produit d'une nourriture plus » succulente et plus commune dans les pays chauds ». On verra dans mon Histoire générale des Oiseaux de l'Amérique Septentrionale, depuis Saint-Domingue jusqu'a la baie d'Hudson,

il faut les avoir observés sous les diverses couleurs qui sont l'attribut de chaque âge. Sans cela on s'expose à errer, sur-tout si l'on veut, d'après des peaux desséchées, fixer le sexe, distinguer le jeune de l'adulte, et celui-ci du vieux. Pour éviter toute erreur, le doute doit accompagner le Naturaliste qui écrit d'après de si faibles indices; il ne faut présenter les objets que tels qu'on les voit : comment décider sans avoir étudié la Nature, tandis que ceux qui l'ont observée avec le plus de soin ne sont pas toujours d'accord. Si plusieurs de mes descriptions diffèrent de celles des Auteurs que je citerai, c'est qu'il est impossible de se rencontrer toujours en décrivant des oiseaux aussi peu connus, et dont les dépouilles même sont souvent gâtées, soit par vétusté, soit par la négligence des conservateurs. De plus, chacun doit décrire les couleurs telles qu'il les apperçoit, et on sait que celles des Souï-mangas varient selon l'aspect et la réfraction de la lumière. On verra peut-être dans quelques oiseaux que je donne pour espèces nouvelles, des individus pareils ou très-peu différens au premier coup-d'œil de ceux déjà connus; mais les détails prouveront qu'on ne peut les confondre. Il en est peut-être parmi eux qui ont encore quelque chose à acquérir, quoique je les donne pour parfaits; ce qui ne peut se décider avec certitude que par la comparaison d'un individu parvenu au dernier période de sa perfection. Lorsqu'il s'agira d'oiseaux dont je ne connaîtrai que la dépouille, la grande habitude que j'ai acquise pendant plus de trente années d'observations en Europe et dans les Indes occidentales, sera mon guide. Cependant ce sera toujours avec doute que je leur donnerai une qualité quelconque, à moins que mes rapprochemens n'aient pour bases les observations des Voyageurs naturalistes; car l'expérience m'a prouvé qu'on ne doit s'en rapporter qu'à eux seuls.

On peut être certain qu'un oiseau de cette famille, comme de beaucoup d'autres, est jeune lorsque ses couleurs sont faibles, ou n'offrent que des demi-teintes, et que c'est une femelle lorsqu'elles ont acquis plus de consistance. Il est une règle presque générale dans les oiseaux, qui n'a pas échappé aux Ornithologistes; c'est que dans le plus grand nombre, les jeunes ressemblent aux femelles, mais avec des couleurs moins décidées; et que celle-ci diffère du mâle par des couleurs plus

---

que cette opinion est erronée, et que l'assertion avec laquelle on l'appuie n'est que spécieuse, puisque j'ai observé en Pensylvanie, au Nouveau-Jersey, dans l'Etat de New-York et autres provinces, plusieurs espèces qui subissent deux mues par an, et portent après l'une et l'autre, un plumage très-différent. Enfin il en est parmi elles, qui ne quittent pas ces contrées pendant l'hiver, où le froid est plus rigoureux et plus long qu'en France.

ternes : cette remarque est plus sensible dans ceux ornés de couleurs métalliques. Néanmoins il y a des exceptions, comme on a pu le voir dans les Colibris et les Oiseaux-mouches. Mais ces exceptions n'existe-raient presque pas pour les Souï-mangas, si l'on en croyait Adanson, qui dit que les deux sexes sont parfaitement semblables. Il paraît qu'il ne faut pas tout-à-fait s'en rapporter à cet observateur ; car d'autres Voyageurs distinguent les femelles par un plumage très-commun, tandis que les mâles en portent de très-brillant. C'est au point, qu'on aurait peine à se persuader que la Nature eût marié deux oiseaux de couleurs si dispa-rates, si beaucoup d'autres ne présentaient des exemples aussi frappans. Cette dissemblance peut donner lieu à des erreurs, lorsqu'on décrit des oiseaux desséchés. Pour n'en pas faire, il faudrait avoir étudié leurs habitudes, les avoir observés à l'époque de leurs amours, et les avoir suivis dans les diverses mues qu'ils subissent, puisque, pendant leurs pre-mières années, chaque mue apporte un changement à leurs couleurs. Mais très-peu d'hommes ont pu s'occuper de cette étude qui demande beaucoup de temps. Néanmoins sans cela on ne peut garantir ni leur sexe, ni leur âge. Je tâcherai de jeter quelque lumière dans une partie encore si obscure. Si la description du physique n'est pas assez claire pour recon-naître l'oiseau, elle aura l'avantage inappréciable en histoire naturelle, d'être secondée par une figure dont la ressemblance ne laissera rien à desirer. Enfin, si je désigne pour espèce nouvelle des oiseaux déjà connus, on ne doit pas l'attribuer à l'envie de créer des espèces, mais à la difficulté de les reconnaître d'après un signalement mal fait ou trop court. Cette dernière manière de décrire, qu'on qualifie du nom de savante, aurait vraiment du mérite, si sa briéveté pouvait tout exprimer ; mais on est obligé de tronquer le signalement, pour ne pas excéder les bornes d'une phrase ; et ce qu'on supprime augmente la confusion, en présentant un abrégé souvent applicable à plusieurs individus.

On ne peut douter que ce Souï-manga, que je regarde comme une nouvelle espèce, n'ait atteint l'époque où la Nature a donné la der-nière touche à ses couleurs. Elles sont généralement riches, moelleuses et brillantes : aussi lui ai-je donné le nom d'ECLATANT, qui ne signifie pas encore assez ; car le violet le plus beau couvre la tête, le gosier, la gorge, le dessus du cou, le dos et le croupion, et cette couleur est enrichie sur quelques-unes de ces parties par des reflets dorés. Un rouge vif et brillant pare la poitrine ; et vers sa partie inférieure, il est mélangé de violet. Le beau vert qui orne ses côtés est relevé par une petite touffe de plumes d'un jaune-paille. Un bleu tirant sur le violet, est la couleur du haut du ventre ; le reste et le bas-ventre sont noirs; les couvertures supérieures et inférieures de la queue sont vertes; cette couleur, qui est très-brillante sur le haut des ailes, borde les pennes de la queue vers l'extrémité et les deux côtés des intermédiaires. La taille de cet oiseau est élégante; sa grosseur est celle du Serin, et sa longueur d'environ cinq pouces. Le bec de onze lignes, est d'un beau noir, ainsi que les pieds. Je ne connais ni le jeune âge, ni la femelle de cet oiseau très-rare. Il se trouve sur la côte d'Afrique : sa dépouille fait partie de la précieuse collection de Dufrène.

L'e Ingala-dian. Pl. 5

L'ANGALA-DIAN.

PLANCHE III.

Vert doré; ailes et queue noires; bande transversale violette sur la poitrine.

Grimpereau vert de Madagascar. Brisson, *Ornith.* — *Certhia lotenia* — Linné; Gmelin, *Syst. nat.* — L'Angala-dian, Buffon, *Ois.* — Loten's creeper. Latham, *Synop.*

On a conservé à cette espèce qui habite Madagascar et Ceylan, le nom qu'elle porte dans la première de ces îles. L'Angala-dian construit son nid avec les matières les plus douces, telles que le duvet des plantes, le coton, etc. Il les contourne avec adresse, et donne à ce nid la coupe élégante qu'on admire dans celui du Pinson. La ponte est de cinq à six œufs; ce qui annonce que ces oiseaux seraient nombreux, s'ils n'avaient dans une très-grosse araignée une cruelle ennemie, qui s'empare souvent de tous les petits, et leur suce le sang. Les couleurs de cet oiseau sont sujettes à varier, ou plutôt il paraît qu'il subit plusieurs mues avant d'être coloré comme je le décris. Un vert doré couvre la plus grande partie de son corps. Cette couleur très-brillante sur la tête, sur le gosier, le dos et le croupion, présente, selon les diverses positions de l'oiseau, des reflets, tantôt bleus, tantôt sombres; mais le bleu est fixé sur le haut de la poitrine; sur le bas il se fond en violet; ensuite le noir lui succède sur le reste du dessous du corps. Un violet brillant, se changeant en vert doré, pare les petites couvertures des ailes et les supérieures de la queue. Sa longueur est de 5 pouces; le bec long de 12 lignes, est noir, ainsi que les pieds.

Cet oiseau est dessiné d'après un individu qui est au Muséum d'Histoire Naturelle.

L'ANGALA-DIAN JEUNE AGE.

PLANCHE IV.

Dessous du corps d'un blanc sale et tacheté de noir ; ailes et queue d'un brun verdâtre.

Le Grimpereau vert de Madagascar femelle. Brisson, Ornith. Buffon, Ois. Gmelin, *Syst. nat.*

Brisson a donné cet oiseau pour une femelle ; mais je n'ai pas cru le désigner ainsi. Son plumage annonce qu'il est jeune, et à l'époque de sa première mue; car il commence à se parer sur quelques parties de son corps des couleurs qui distinguent l'oiseau parfait, et porte sur d'autres la livrée des jeunes. C'était l'opinion d'Adanson, qui a observé les Souï-mangas au Sénégal. Malgré ma confiance dans ce Naturaliste, je n'adopterai cependant pas le motif qu'il donne pour prouver son assertion. Selon lui, les femelles d'un grand nombre d'espèces sont parfaitement semblables au mâle ; mais comme je l'ai déjà dit, d'autres Naturalistes voyageurs qui ont observé les Souï-mangas sur la côte d'Afrique et dans l'Inde, ont caractérisé les femelles par des couleurs moins brillantes, et même peu différentes de celles des jeunes. J'ai moi-même vérifié et reconnu la justesse de leurs observations.

Le bec, la taille et la gorge de ce jeune oiseau sont pareils à ceux du précédent. La différence consiste dans les couleurs de la tête qui sont brunes et seulement tachetées de vert doré ; et dans celles du dessous du corps, des ailes et de la queue décrites ci-dessus. Cependant on remarque une tache d'un bleu violet sur le haut de la poitrine, qui du reste est pareille au ventre. Les petites couvertures des ailes sont un peu dorées, et les pieds bruns.

Du Muséum d'Histoire Naturelle.

L'angala-dian, j.e âge. Pl. 4

Le Soui-manga, à front doré. pl. 35

LE SOUÏ-MANGA A FRONT DORÉ.

PLANCHE V.

Gosier violet ; ailes et queue noires.

Les couleurs brillantes généralement répandues sur les précédens, sont isolées sur quelques parties du corps de celui-ci. Peut-être n'est-il pas encore parvenu à sa dernière perfection. S'il en est ainsi, il serait seulement d'un âge plus avancé que le suivant, qui est un jeune de la même espèce. Nous n'avons, jusqu'à présent, aucun détail sur les mœurs de cet oiseau. Cependant d'après son physique, on peut soupçonner qu'elles ne diffèrent guère du précédent. Je conjecture, d'après la forme de sa langue divisée en deux filets vers l'extrémité, qu'il est de ceux de cette famille qui se nourrissent d'insectes et du miel des fleurs. En attendant qu'il soit mieux connu, je me bornerai à dire qu'il habite dans les parties de l'Afrique, voisines du Cap de Bonne-Espérance. Cet oiseau est de la grande taille parmi les Souï-mangas. Il a 5 pouces 5 lignes depuis l'extrémité du bec jusqu'à celle de la queue. Un vert doré orne le sommet de la tête ; le gosier et le croupion sont les parties les plus belles ; car un violet chatoyant les distingue du reste du corps qui est d'un noir velouté, avec des reflets de cette première couleur. On remarque sur les petites couvertures des ailes, vers le pli, une tache d'un bleu d'acier poli. Quoique cet individu n'ait pas les deux petites touffes de plumes jaunes que les espèces africaines ont ordinairement sur les côtés de la poitrine, il est à présumer qu'il en est pourvu, mais qu'elles auront été arrachées. Je serais tenté de le croire, vu qu'il n'était pas très-bien conservé.

Du Muséum d'Histoire Naturelle.

LE SOUÏ-MANGA A FRONT DORÉ. *Jeune âge.*

PLANCHE VI.

Brun clair ; poitrine et ventre tachetés.

On ne peut douter que cet oiseau ne soit de la même espèce que le précédent ; car le port, la taille et le bec sont pareils. De plus, on reconnaît le beau vert doré du sommet de la tête, par quelques plumes naissantes, ainsi que le violet dont la gorge est ornée. Cependant cette dernière couleur n'étant pas encore parfaite, elle a moins d'éclat que celle du précédent. On peut être assuré que celui-ci est du premier âge, c'est-à-dire qu'il commence à se dépouiller des premières plumes, pour se revêtir de celles qui caractérisent l'adulte. Ce ne peut être la femelle, à moins qu'elle ne ressemble au mâle. Au reste, celle-ci est encore inconnue. Une couleur uniforme d'un brun clair est celle de la tête, du cou, des petites couvertures des ailes et de la queue ; elle est mélangée de taches tirant au noir sur le sinciput, et est plus foncée sur les grandes couvertures, les pennes des ailes et de la queue ; un gris-blanc borde ces pennes, mais seulement les latérales de cette dernière. Cette couleur couvre les parties inférieures du corps, et est parsemée de taches brunes. Ces deux teintes sont distribuées de manière que la dernière tient le milieu de chaque plume ; les pieds sont pareils à ceux du précédent.

Du Muséum d'Histoire Naturelle.

Le S. à front doré, j.ᵉ âge. Pl. 6

Le S.t à tête bleue. 2.d

LE SOUÏ-MANGA A TÊTE BLEUE.

PLANCHE VII.

Parties inférieures du corps d'un gris foncé ; parties supérieures vertes.

Comme j'ignore le nom que plusieurs espèces nouvelles portent dans leur pays, je suis obligé de le tirer de leurs couleurs. J'aurais bien voulu connaître la dénomination sous laquelle les Aborigènes les distinguent : car ordinairement ce nom a quelqu'analogie, soit avec la nourriture, soit avec les habitudes de l'oiseau, et donne une idée de sa nature. Au moins le nom vulgaire facilite au Voyageur naturaliste les moyens de le trouver ; autrement ses recherches seraient long-temps vaines, le pays fût-il même bien indiqué, si l'espèce qui en est l'objet n'en affectionne qu'un canton, et est très-rare ailleurs. J'ai donné à celui-ci le nom de Souï-manga à tête bleue, parce que cette couleur est la plus apparente sur l'oiseau. Si, comme on le prétend, tous ces oiseaux d'Afrique doivent avoir le plumage entier, coloré de teintes métalliques, celui-ci n'aurait pas encore atteint sa perfection. Cependant le naturaliste Perrein, qui, le premier, l'a observé, m'a assuré qu'ils étaient très-nombreux à *Malimbe*, et que s'en étant procuré beaucoup, il n'avait point vu de différence entr'eux. Il serait étonnant que, parmi un si grand nombre, il n'en eût pas existé un seul parvenu à l'époque qu'on leur assigne. Mais pourquoi n'y aurait-il pas dans cette famille des espèces, comme dans celle des Colibris, qui seraient plus brillantes les unes que les autres ? Quoi qu'il en soit, ce Souï-manga habite en Afrique une partie peu connue, qui abonde en divers beaux oiseaux, dont plusieurs n'ont pas été décrits [1]. La nourriture favorite de cet oiseau est la même que celle des Oiseaux-mouches : aussi c'est sur les arbres en fleurs qu'on rencontre le plus grand nombre.

Le plumage de cette jolie espèce ne le cède en rien à beaucoup d'au-

---

[1] Malimbe fait partie du royaume de Congo et de Cacongo. Il est situé sur la côte occidentale de l'Afrique par 5 deg. 15 min. de lat. S., et 7 deg. 30 min. de longitude Orientale méridien de Paris.

tres. Un beau bleu violet à reflets métalliques pare la tête, la gorge et
le cou. La poitrine et le ventre sont d'un gris foncé : cependant il est
plus clair sur les parties plus inférieures. On remarque au-dessous des
ailes, sur les côtés de la poitrine, deux petites touffes de plumes d'un
jaune paille. Le dessus du corps, le bord extérieur des pennes des ailes
et de la queue sont d'un vert olive. Ces pennes sont brunes à l'intérieur,
et brun-clair en dessous. Les plumes latérales de la queue étant les plus
courtes lui donnent une forme arrondie. Le bec et les pieds sont noirs.
Sa longueur est d'un peu plus de 4 pouces et demi; celle du bec de
10 lignes ; celle de la queue 1 pouce 5 lignes, et le vol, de 5 pouces
un quart.

Cet oiseau a été apporté d'Afrique par Perrein : il est dans ma collection.

Le S. violet, à Poitrine rouge. Pl. 8.

LE SOUÏ-MANGA VIOLET A POITRINE ROUGE.

PLANCHE VIII.

Dessus de la tête et gosier verts; poitrine variée de vert, bleu, violet et rouge.

Grimpereau violet du Sénégal. Brisson, Ornith. — Souï-manga violet à poitrine rouge. Buffon, Ois. — *Certhia Senegalensis.* Linné. Gmelin, *Syst. nat.* — Senegal creeper. Latham, Synop.

J E rapporte cet oiseau à celui des Auteurs ci-dessus cités, quoique sa longueur soit inférieure de près de huit lignes. Comme les couleurs sont pareilles, je crois qu'on ne peut en faire une espèce distincte, malgré une disproportion si grande dans la taille d'un oiseau de quatre pouces et quelques lignes. Il se pourrait que Brisson, qui le premier l'a décrit, n'eût mesuré qu'une peau déformée; car parmi plusieurs dépouilles que j'ai examinées, aucune n'avait la longueur qu'il lui donne. Il paraît que les Ornithologistes qui en ont parlé depuis, ont copié cet Auteur, sans s'assurer de la vérité; car tous ont donné la même taille à cet oiseau [1]. Quoi qu'il en soit, l'individu que je décris habite aussi le Sénégal, et a quatre pouces quatre lignes. Son bec est noir, et a neuf lignes. Un vert doré éclatant couvre le sommet de la tête et le gosier; une ligne longitudinale de cette couleur part de la mandibule inférieure, et passant sous les yeux, se termine sur les côtés de la gorge. Celle-ci et la poitrine paraissent, selon la position de l'oiseau, variées de bleu, de violet, de vert et de rouge. Sous un aspect, le rouge domine; sous un autre, le tout se change en brun. Cette variété de nuances est due aux reflets métalliques

---

[1] J'entends par *la taille*, la longueur de l'oiseau. Cette explication me paraît nécessaire, ce mot étant employé par les Ornithologistes avec diverses significations. Car lorsque Brisson se sert du mot *grosseur*, d'autres le remplacent par le mot *taille*. Il paraîtrait ainsi que *la taille* signifie tantôt la longueur, tantôt l'ensemble ou la grosseur. Cet oiseau en est un exemple. Brisson dit qu'il n'est guère plus gros qu'un roitelet, et Montbeillard, qu'il est de sa taille. Cette dernière comparaison doit s'appliquer à la grosseur, puisque le Souï-manga auquel il le compare, a, selon lui, cinq pouces de long, et le roitelet (*troglodyte*) a trois pouces neuf lignes.

et à la forme de la plume et des barbes qui sont pareilles à celles que nous avons fait graver *pl. 1ère*, *fig. 16*, *17*. On ne peut mieux comparer les effets de ces couleurs qu'à ceux de l'arc-en-ciel. Un brun vineux et velouté qui contraste agréablement avec l'éclat des précédentes, colore le dessus du cou, le dos, le croupion et le ventre. Cet oiseau diffère encore de celui de Brisson, par la nuance des couvertures, des pennes des ailes et de la queue, qui sont d'une couleur cannelle clair, mais qui seraient brunes, suivant cet Ornithologiste.

Cet individu a les pieds noirâtres, et se trouve dans la collection de Dufrêne.

Le S. rayé. Pl.

LE SOUÏ-MANGA RAYÉ.

PLANCHE IX.

Brun clair ; gorge et poitrine rayées de blanc jaunâtre et de brun.

LE plumage de cet oiseau annonce une femelle ou un jeune de l'espèce précédente. Je le conjecture d'après les raies variées et transversales qu'on remarque sur les mêmes parties du corps ; elles ne diffèrent que par des couleurs plus sombres, attribut des femelles et du jeune âge dans beaucoup de Souï-mangas. De plus, il est à-peu-près de la même taille, et habite les mêmes contrées. Cependant, comme on ne peut en être certain qu'après l'avoir observé dans son pays natal, j'ai cru devoir le désigner par un nom particulier. Son bec est noirâtre et de la même longueur. Le dessus du corps, les ailes et la queue sont d'un brun clair, ainsi que la gorge, la poitrine et le ventre ; mais sur ces dernières parties, le brun est mélangé de blanc jaunâtre, qui n'existe qu'à l'extrémité de chaque plume. Ces deux couleurs sont distribuées de manière qu'on apperçoit alternativement une raie de chacune. Les pieds sont noirâtres.

Du Muséum d'Histoire Naturelle.

LE SOUÏ-MANGA A CEINTURE BLEUE.

PLANCHE X.

Vert-doré; bande bleue sur le haut de la poitrine; ventre rouge.

Ce bel oiseau a du rapport avec le Souï-manga à collier de Buffon, dont je parlerai dans la suite : mais il en diffère tellement par la grosseur et la taille, qu'on ne peut se permettre de les confondre, lorsqu'on les compare d'après nature. En outre, le rouge s'étend plus loin, et ne forme pas une seule bande transversale comme dans celui à collier. Peut-être pourrait-on en faire une variété; mais cette distinction ne lui serait pas encore applicable, puisque j'ai vu plusieurs individus totalement pareils; et une variété, comme je l'ai déjà dit, ne peut être qu'un accident qui se répète très-rarement avec la même uniformité. C'est pourquoi je crois pouvoir le désigner comme espèce particulière.

Elle se rencontre dans diverses parties de l'Afrique, depuis le Sénégal jusqu'à Malimbe, et peut-être encore plus au Sud. Sa longueur est de cinq pouces une à deux lignes; le bec a douze lignes, et est noir. Un vert-doré à reflets éclatans pare la tête, le cou, le dos, la gorge et les moyennes couvertures des ailes. Le croupion est d'un bleu brillant; une bande de ce même bleu sépare la gorge de la poitrine, qui est rouge ainsi que le ventre. (Dans quelques individus, cette couleur prend une teinte souci.) Le bas-ventre et les cuisses sont d'un gris jaunâtre; les ailes et la queue d'un brun plus clair sur les premières, et plus foncé sur la dernière. Cet oiseau porte la parure qui paraît être l'apanage des beaux Souï-mangas; car deux touffes de plumes de couleur citron ornent les côtés du haut de la poitrine. Les pieds sont pareils au bec.

De la collection de Dufrène.

Le S. à cinture bleue . Pl. 10

BnF
ARS

Le S. pourpre.

LE SOUÏ-MANGA POURPRE.

PLANCHE XI.

Vert changeant en violet; front noir; deux bandes sur la poitrine.

Le Souï-manga pourpre. Buffon, Ois. — The Purple indian creeper. Edwards,
pl. 265, fig. supér.

MONTBEILLARD a observé, avec raison, que Brisson [1] n'aurait pas dû
rapporter cet oiseau au Souï-manga à collier, avec lequel il n'a de commun que les deux bandes transversales sur le haut de la poitrine, ce
dernier n'ayant pas, comme le dit le savant Collaborateur de Buffon,
une nuance de pourpre dans son plumage. A cela j'ajouterai que le bec
de celui-ci présente dans sa forme une différence trop sensible pour
permettre de les réunir. Il est plus gros, plus long, et beaucoup plus
arqué. De plus, l'un a le ventre gris, et l'autre noir. Je n'eusse pas
répété cette observation, puisque la figure qu'en donne Edwards suffit
pour convaincre Brisson d'erreur, si Gmelin et Latham n'eussent fait
le même rapprochement, quoiqu'ils aient écrit depuis Montbeillard.
Sans doute ils se fussent rangés de son opinion, s'ils eussent pu comme
moi s'assurer de la vérité, en comparant la nature. L'oiseau que je décris
diffère, mais très-peu, de celui d'Edwards. La première bande est
verte dans le sien, et d'un violet brillant dans le mien. Ces ceintures ou
colliers sont un des ornemens de beaucoup de Souï-mangas, dont les
nuances variables selon les reflets de la lumière, exposent à confondre
les espèces, si l'on n'est pas assez attentif aux dimensions de l'individu, et
aux autres couleurs de son corps. Les figures ne peuvent donc être trop
exactes, pour échapper à une confusion que les descriptions n'évitent
pas toujours. Cet oiseau a le front d'un bleu noir et le reste de la tête
d'un vert changeant en violet pourpré, qui prend une teinte plus sombre sur le gosier et la gorge; deux touffes de plumes jaunes coupent

---

[1] Supplément à l'Ornithologie, pag. 117, tom. 6.

cette couleur sur les côtés de la poitrine, dont le haut est séparé de
la gorge par deux bandes transversales, la supérieure d'un violet brillant,
et la seconde d'un beau rouge. Ce violet se change en bleu sur les couvertures des ailes, dont les pennes sont noires, ainsi que le ventre, le
bec, les pieds et la queue; mais ce noir prend une teinte bleuâtre sur
cette dernière. Longueur totale, quatre pouces et demi; du bec, douze
lignes. Les mandibules sont très-fortes, très-arquées et d'une grosseur
égale qui ne diminue que vers l'extrémité.

Du Muséum d'Histoire Naturelle.

Le S. violet. Pl. 12

LE SOUÏ-MANGA VIOLET.

PLANCHE XII.

Violet; ailes noirâtres; petite bande marron sur le haut de la poitrine.

Purple indian creeper. Edwards, pl. 265, fig. inférieure.

Je rapproche ce Souï-Manga de celui d'Edwards [1]; il n'en diffère que par la bande étroite de couleur marron dont le sien est privé [2]. Si cet oiseau est du pays ajouté à son nom sur l'individu conservé au Muséum, il se trouverait dans l'Inde sur la côte du Malabar. L'Auteur anglais le regarde comme la femelle du précédent; en ce cas, les deux sexes auraient à-peu-près les mêmes couleurs. Mais celle-ci aurait le bec moins arqué, moins gros et plus court d'un tiers. De plus, elle serait d'une taille inférieure.

Un beau violet changeant en bleu est la couleur du ventre, du croupion et des parties supérieures du corps de cet oiseau qui porte aussi les deux petites touffes de plumes jaunes. Le gosier, la gorge et la poitrine sont d'un violet tirant sur le rouge. Ces couleurs varient selon la position de l'oiseau. La queue est violette; la longueur totale de quatre pouces; celle du bec de huit lignes. Les mandibules et les pieds sont noirs.

Du Muséum d'Histoire Naturelle.

---

[1] Ce Souï-manga est aussi rapporté à celui à collier par les Auteurs que j'ai cités dans l'article précédent. S'il s'en rapproche par le bec, il en diffère encore plus par les couleurs.

[2] Le plumage de l'individu que nous avons fait dessiner, était endommagé sur diverses parties du corps, et il restait sur la poitrine peu de plumes de cette couleur marron; mais comme elles étaient éparses sur sa largeur, et annonçaient faire partie d'un plus grand nombre, j'ai présumé que la bande devait être complète.

LE SOUÏ-MANGA A COLLIER.

PLANCHE XIII.

Vert; collier bleu; haut de la poitrine rouge; ventre gris.

Le Grimpereau à collier du Cap de Bonne-Espérance. Brisson , Ornith. — Le Souï-manga à collier. Buffon , Ois. — *Certhia Chalybea.* Linné, *Syst. nat.* Collared creeper. Latham , Synop.

CE Souï-manga est répandu sur la côte occidentale de l'Afrique , depuis le Sénégal jusqu'au Cap de Bonne-Espérance, et peut-être encore plus au Sud. Quoique le plus commun , peu d'espèces ne paraissent aussi indéterminées; nous avons vu que plusieurs Ornithologistes le confondaient avec les deux précédens. Le Souï-manga à ceinture bleue paraîtrait encore plus s'en rapprocher, si on ne prenait pour guide que la disposition de ses couleurs les plus saillantes; mais d'après ce que j'ai dit, et par la comparaison des figures que nous donnons de ces deux oiseaux , on saisira facilement la différence qui existe entr'eux. On est encore plus incertain sur les nuances qui caractérisent les deux sexes. Les Naturalistes voyageurs se taisent sur cette distinction. Les autres n'ont que des conjectures vagues pour appuyer leur opinion. Brisson distingue la femelle du mâle par les couleurs du dessous du corps. Il dit qu'elles sont pareilles à celles du dessus, et qu'il y a seulement des mouchetures jaunes sur les flancs. D'autres la désignent par un plumage moins vif et une ceinture rouge qui descend plus bas. « Auquel cas, dit » Montbeillard, on doit reconnaître cette femelle dans le Souï-manga » observé au Cap de Bonne-Espérance par de Querohënt ». Pour moi, je crois que la description qu'il en donne, annonce plutôt un jeune mâle à l'époque de sa première mue. Cet Auteur soupçonne encore que ce pourrait être le Grimpereau des Philippines de Brisson (*t.* 3 , *p.* 613,) auquel il rapporte celui de Sonnerat [1]. Enfin , plusieurs Naturalistes

---

[1] Pl. 50, fig. B, Voyage à la Nouvelle-Guinée. Cet oiseau dont je parlerai dans la suite, ne peut être le même que celui de Brisson , étant d'une taille inférieure de plus d'un pouce.

Le S. à collier. Pl. 13

croient la reconnaître dans le Grimpereau du Cap de Bonne-Espérance
de Brisson (*Certhia Capensis*, Lin.). L'uniformité et le peu d'éclat de
ses couleurs me le feraient soupçonner , si leur demi-teinte n'annonçait
plutôt un jeune oiseau '. Mais dans cette espèce , la femelle ne pourrait-
elle pas tellement ressembler au mâle, qu'on ne pût les distinguer? Je
serais tenté de le croire : car dans le très-grand nombre de ces oiseaux
que j'ai vu , aucun ne diffère des autres. En outre, Perrein, qui les a
observés à Malimbe , où ils sont très-communs, ne fait pas mention du
caractère distinctif de la femelle. Ce qui viendrait à l'appui de l'opinion
du voyageur Adanson , qui dit qu'on trouve au Sénégal, parmi les Souï-
mangas , des espèces dont les sexes ne présentent aucune différence
entr'eux.

Si le jeune oiseau observé par de Querohënt appartient à cette famille,
ce Souï-manga serait un des plus favorisés de la Nature ; car il réuni-
rait un chant mélodieux à un plumage éclatant. Les insectes et le suc
des fleurs sont ses alimens ; mais ce doit être plus particulièrement ce
dernier ; car, selon Querohënt , son gosier est si étroit , qu'il ne saurait
avaler les mouches ordinaires. Cet oiseau a quatre pouces quatre lignes de
longueur. Son bec est noir , et a dix lignes ; le dessus de la tête, du cou,
les scapulaires , le croupion, les petites couvertures des ailes et la gorge
sont d'un vert doré changeant en couleur de cuivre de rosette. Comme
les précédens, il est orné d'une tache jaune sur chaque côté de la poitrine. Un brun clair colore les ailes , et devient presque noir sur la queue.
Les pennes latérales de cette dernière, bordées de blanc sale, diffèrent
des autres par une couleur pareille aux ailes. Les pieds sont noirs.

De la collection de Dufrêne.

' Voyez la planche 14.

LE SOUÏ-MANGA A COLLIER. *Jeune âge.*

PLANCHE XIV.

Gris-roux; couvertures du dessous de la queue blanches.

Le Grimpereau du Cap de Bonne-Espérance. Brisson, Ornith. — *Certhia Capensis.* Linné. *Syst. nat.* — Cape creeper. Latham, Synop.

Si les jeunes de cette espèce ne dérogent pas à la règle générale, et portent un habit qui participe des couleurs de leur mère, le plumage de cet oiseau serait un indice certain de celui de la femelle du précédent, qui, comme on vient de le voir, n'est pas encore déterminée.

Cet oiseau a quatre pouces de longueur; le bec de couleur brune a neuf lignes. Cette couleur est plus claire à la base de la mandibule inférieure. Un gris roussâtre et uniforme couvre les parties supérieures du corps; un gris blanc s'étend sur toutes les inférieures. Les seules couvertures de la queue, ses pennes et les pieds sont pareils au bec.

Du Muséum d'Histoire Naturelle.

Le S. à collier, j.e âge. Pl. 14.

Le S. à cravate violette. Pl. 18.

LE SOUÏ-MANGA A CRAVATE VIOLETTE.

PLANCHE XV.

Gris-brun ; bande longitudinale violette sous le corps.

Le Grimpereau gris des Philippines. Brisson , Ornith. — Variété du Souï-manga
olive à gorge pourpre. Buffon, Ois. — *Certhia currucaria.* Linné , *Syst. nat.* —
Grey creeper. Latham , Synop.

JE rapporte cet oiseau à celui des Auteurs ci-dessus cités, dont il ne
diffère que par un peu moins de longueur , et par la couleur des côtés
de la gorge, de la poitrine et du ventre , qui est d'un gris blanc , et dans
l'autre d'un blanc jaunâtre. La différence de ces nuances est occasionnée
par l'âge ; elle indique que celui-ci est un peu plus jeune , et leur
ensemble fait connaître qu'il a été tué à l'époque où il se dépouillait de
ses premières plumes pour prendre celles de l'adulte.

Montbeillard , en faisant de cet oiseau une variété de son Grimpereau
olive à gorge pourpre , persuadera difficilement qu'un jeune plus grand
qu'un vieux de près de huit lignes, puisse y être rapporté [1]. Une disproportion si marquée ne permet pas, ce me semble, un pareil rapprochement. En outre , les deux touffes de plumes jaunes qu'on remarque sur
plusieurs Souï-mangas, décorent celui-ci, et cela seul suffirait pour ne
pas le confondre avec le Souï-manga ci-dessus cité qui en est privé ,
quoique dans un état parfait. C'est, au contraire , un indice certain qu'il
appartient à une autre espèce qu'on rencontre aussi aux Philippines.

Sa longueur est d'environ quatre pouces quatre à six lignes. Le bec a dix
lignes, il est noir ; tout le dessus du corps est d'un joli gris brun : un violet
bronzé couvre les ailes vers leur pli. Mais ce qui caractérise cet oiseau , c'est
une bande violette à reflets métalliques qui part du menton , s'étend sur

---

[1] Il donne à sa variété quatre pouces deux tiers, et au vieux quatre pouces.

le milieu de la gorge, de la poitrine et du haut du ventre. Leurs côtés, le bas-ventre et les couvertures inférieures de la queue sont d'un blanc-gris, qui s'éclaircit encore davantage sur ces dernières. Quelques plumes violettes parsemées sur le croupion, annoncent cette belle couleur qui, dans un âge plus avancé, doit le couvrir tout entier. Les pennes caudales sont noirâtres, et celles des ailes, brunes. La nuance des deux taches des flancs est aurore. Les pieds sont noirs.

Du Muséum d'Histoire Naturelle.

Le S. à ceinture marron. Pl. 16.

LE SOUÏ-MANGA A CEINTURE MARRON.

PLANCHE XVI.

Vert changeant en violet ; poitrine d'un beau marron ; ventre d'un jaune jonquille.

Le Grimpereau pourpré des Philippines. Brisson , Ornith. — Le Souï-manga marron-
pourpré à poitrine rouge. Buffon , Ois. — *Certhia sperata.* Linné , *Syst. nat.* —
Red breaster creeper. Latham , Synop.

L ᴇ Grimpereau pourpré des Philippines , auquel je rapporte celui-ci ,
n'en diffère que par la nuance qui colore la poitrine ; ce qui ne me paraît
pas suffisant pour les séparer. Car , du reste , ils ont la même taille , les
mêmes dimensions et le même plumage. Cette espèce habite les îles
Philippines et a le chant du Rossignol , si l'on en croit Séba. La tête ,
la gorge , le croupion , les petites couvertures des ailes présentent une
couleur verte à reflets violets. Le dessus du cou et le dos sont d'un marron superbe ; les côtés du ventre au-dessous des ailes , d'un blanc argenté.
Les pennes des ailes sont brunes et bordées de jaunâtre. Ce brun prend
une teinte très-foncée sur celles de la queue , dont le bord extérieur
est violet ; le dessous des latérales est terminé de gris. Les pieds et le bec
sont noirâtres. Ce dernier est long de sept à huit lignes , et l'oiseau d'environ quatre pouces.

De la collection de Dufrêne.

LE SOUÏ-MANGA A CEINTURE MARRON, *Femelle.*

PLANCHE XVII.

Vert-olive en dessus; jaune-olivâtre en dessous.

Le Grimpereau pourpré des Philippines femelle. Brisson, Ornith. Buffon, Ois. Linné, *Syst. nat.* Latham, Synop.

CET oiseau reconnu par tous les Ornithologistes pour une femelle, est une preuve convaincante que, dans plusieurs espèces de Souï-mangas, des couleurs très-différentes caractérisent les deux sexes. La richesse et l'éclat paraissent réservés au mâle, l'uniformité et la simplicité à la femelle : mais, quoique privée des nuances qui éblouissent par la multiplicité et le jeu pétillant de leurs reflets, cette femelle n'en plaît pas moins à la vue. Le vert et le jaune agréablement fondus sur son plumage, un port élégant, une taille svelte et bien proportionnée, la feront toujours distinguer parmi les autres oiseaux. Vue isolément, elle est très-jolie; vue près du mâle, elle plaît encore.

Un brun léger nuancé de vert, couvre le dessus du corps, les ailes et la queue : un jaune olivâtre le remplace sur les parties inférieures. Sa longueur égale celle du précédent. Le bec et les pieds sont bruns.

De la même collection.

Le S. à ceinture marron, f.^{lle} Pl. 17

Le S. manga. Pl. 18.

LE SOUÏ-MANGA.

PLANCHE XVIII.

Vert brillant; poitrine brune; ventre jaune clair.

Le Grimpereau violet de Madagascar. Brisson, Ornith. — Le Souï-manga. Buffon, Ois. — *Certhia Soui-manga.* Gmelin, *Syst. nat.* — Violet creeper. Latham, Synop.

COMMERSON a vu cet oiseau vivant à Madagascar; mais au lieu de donner des détails intéressans sur ses habitudes, ses mœurs et ses amours, il s'est borné seulement à faire connaître le vrai nom qu'il porte dans cette île. Il a laissé même ignorer le motif qui a engagé les naturels à le distinguer de l'Angala-dian du même pays, et appartenant à la même famille. L'origine d'un nom si différent de l'autre n'est certainement point due à la richesse ou à la variété du plumage, puisque la Nature les a prodiguées à ces deux oiseaux. Cette différence tient donc à des habitudes étrangères à l'autre espèce. Sans cela, les Sauvages, nos maîtres en nomenclature, comme le dit Montbeillard, ne les eussent pas distingués par des noms si dissemblables.

La description des couleurs est nécessaire pour aider à la distinction des espèces : mais telles variées que soient ces couleurs, la description en devient monotone, lorsque les oiseaux sont nombreux sous un habit à-peu-près pareil, et c'est à regret que je l'éprouve en décrivant cette famille qui, par le peu qu'on en sait, doit être une des plus intéressantes.

Le Souï-manga a quatre pouces de longueur; son bec a dix lignes : il est noir, ainsi que ses pieds. Un vert brillant changeant en vert-bleu doré pare la tête, la gorge et les plumes scapulaires. Le reste du dessus du corps est d'un olivâtre obscur. Il a au-dessous de chaque épaule une tache d'un beau jaune. Deux colliers, l'un violet, l'autre marron, séparent la gorge de la poitrine. Le brun colore les grandes couvertures et les pennes des

ailes ; le noir celles de la queue, à l'exception des latérales qui sont en
partie d'un gris-brun. La femelle pourrait aisément être confondue avec
la précédente. Brisson, qui le premier l'a fait connaître, la décrit ainsi :
taille un peu inférieure, dessus du corps d'un brun olivâtre, dessous d'un
jaunâtre mêlé de cette dernière couleur ; ailes, queue, bec et pieds pareils à ceux du mâle.

Cet oiseau est dans le Muséum d'Histoire Naturelle.

Le Coopérateur de Buffon donne à cette espèce une variété qui a la
gorge, le cou et la poitrine couleur d'acier poli, avec des reflets verts,
bleus et violets. De plus, elle diffère de celui-ci par la multiplicité de
ses colliers, qui, selon lui, sont au nombre de quatre, dont l'inférieur
est violet noirâtre, le suivant marron, l'autre brun ; enfin, le quatrième
jaune. Elle a aussi les taches de cette dernière couleur ; le dessous du
corps d'un gris olivâtre ; le dessus d'un vert foncé, avec des reflets bleus,
violets, etc. Les pennes des ailes, les pennes et couvertures supérieures
de la queue sont d'un brun plus ou moins foncé, avec un œil verdâtre.
Longueur totale un peu moins de quatre pouces ; bec dix lignes ; queue
carrée [1].

---

[1] Je crois que Gmelin a eu raison d'en faire une espèce particulière, sous le nom de Grimpereau
de Manille (*Certhia Manilensis*) ; car cet Oiseau diffère assez du Souï-manga par les couleurs et
leur distribution ; d'ailleurs, il est plus petit. Nous n'avons pu découvrir ce bel oiseau, qui était
autrefois dans la collection de Mauduit ; c'est pourquoi nous n'en donnons pas la figure.

Le S.t J.er âge . Pl. 19

LE SOUÏ-MANGA JEUNE AGE.

PLANCHE XIX.

Plumage gris.

LES demi-teintes et l'uniformité des couleurs de cet oiseau ne permettent pas de douter qu'il ne soit dans son premier âge. Sa taille et la forme de son bec me font conjecturer que c'est un jeune du précédent : néanmoins on pourrait encore le rapporter à d'autres ; car plusieurs espèces, à-peu-près de la même grandeur, n'offrent entre elles, dans leur printemps, aucune différence sensible. Pour bien distinguer ces oiseaux, il faut qu'ils soient parvenus à l'état d'adulte, c'est-à-dire à l'époque qui suit immédiatement la première mue ; puisqu'alors leurs plumes prennent une partie des couleurs qui caractérisent les vieux. Sa longueur est à-peu-près la même que celle du précédent. Son bec a huit lignes et est dentelé sur les bords, comme je l'ai remarqué dans presque tous les Souï-mangas ; sa langue est aussi divisée en deux filets vers son extrémité. Le gris domine sur tout son plumage : il est plus clair sur les parties inférieures, plus foncé sur les supérieures et les pennes de la queue, dont l'extrémité seulement est pareille au-dessous du corps. Le bec et les pieds sont bruns.

Du Muséum d'Histoire Naturelle.

LE SOUÏ-MANGA CARMÉLITE.

PLANCHE XX.

Corps de couleur fuligineuse ; ailes et queue brunes.

JE regarde cette espèce comme nouvelle ; du moins je n'ai pas trouvé dans les Auteurs une description qui puisse lui être appliquée. Comme les couleurs éclatantes et à reflets sont isolées sur quelques parties du corps de ce Souï-manga, on pourrait croire qu'il est encore à l'une de ces époques où la Nature ébauche la superbe robe dont elle revêt un grand nombre d'oiseaux de cette famille : mais Perrein s'étant procuré à Malimbe beaucoup d'individus pareils à celui-ci, il est à présumer qu'ils avaient acquis les couleurs qui caractérisent l'âge avancé ; cela me paraît d'autant plus vraisemblable, qu'il les a observés dans la saison des amours et qu'il désigne les femelles par un plumage plus sombre et sans éclat. Ses mœurs et ses habitudes sont les mêmes que ceux des précédens.

On remarque entre le bec et l'œil de ce Souï-manga une petite tache noire ; un violet éclatant couvre le front, la gorge et les petites couvertures des ailes. Tout le reste du corps est d'une couleur de suie ou carmélite, veloutée, plus claire sur le dessus du cou et le haut du dos ; le dessus des ailes et de la queue est d'un brun changeant en violet ; le dessous noir ; un petit faisceau de plumes d'un jaune citron, placé sur chaque côté de la poitrine vers l'insertion des ailes, coupe agréablement la couleur uniforme du dessous du corps. Longueur totale, quatre pouces et demi ; bec, dix lignes, noir ainsi que les pieds ; tarses, sept lignes ; vol, cinq pouces un quart ; queue, un pouce cinq lignes.

La femelle est privée de la plaque violette sur le front.

Cet individu est dans ma collection.

Le S. Carmelite. Pl. 20.

Le S. varié. Pl. 26.

LE SOUÏ-MANGA VARIÉ.

PLANCHE XXI.

Grande tache sur la gorge d'un violet cuivré à reflets et entourée de brun ; le reste
du corps varié de gris, roux, brun et jaune.

La taille de cet oiseau, sa grosseur, la plaque violette qui couvre sa
gorge, les contrées qu'il habite, tout se réunit pour le rapprocher du
Souï-manga à tête bleue ou du précédent ; mais à laquelle des deux espèces
appartient-il ? C'est ce que je n'oserai décider ; ces indices me paraissent
insuffisans ; et dans ce doute, je crois qu'il doit rester isolé jusqu'à ce
qu'on ait des observations plus certaines. Le Naturaliste Perrein rapporte
à cet oiseau d'autres individus qui en diffèrent peu. Dans les uns, seulement le dessus de la tête, depuis le milieu jusqu'à la base du bec, est
pareil à la gorge de celui-ci ; dans un grand nombre, la tache gutturale
se prolonge par deux rangs de plumes jusqu'à l'anus ; enfin, d'autres ne
diffèrent que par des nuances plus claires ou plus foncées. Il résulte, selon
moi, de cette variété dans la position et la teinte des couleurs, que tous
ces oiseaux sont des jeunes plus ou moins avancés en âge, et dans leur
première mue. Quoi qu'il en soit, ces individus fréquentent les grandes
forêts, mais se plaisent davantage près des cabanes des habitans où ils sont
sans doute attirés par les fleurs des arbres qui les entourent, et sur-tout
celles du *cytiscus caïan* (vulgairement appelé pois congo, pois d'angole), dont les nègres aiment beaucoup la graine et qu'ils cultivent de
préférence.

A l'exception de la grande tache de la gorge, le plumage de ce Souï-
manga est mélangé de gris, de brun et de roux ; le dessous du corps ne
diffère du dessus, que par sa couleur plus claire, et où le jaune remplace
le brun. Le bec, les yeux et les pieds sont noirs.

Cet individu fait partie de la collection de Perrein qui l'a vu vivant,
ainsi que le précédent et les quatre suivans.

LE SOUGNIMBINDOU.

PLANCHE XXII.

Plumes de la gorge mélangées de violet, de bleu et de vert brillant; poitrine et ventre rouges; couvertures des ailes et de la queue, d'un vert-doré.

Ce nom de *Sougnimbindou* est celui que les habitans de Malimbe donnent indistinctement à tous les Grimpereaux-Souï-mangas qui fréquentent leur pays. Cette manière de nommer toute une même famille suffit pour la distinguer d'une autre; mais elle confond ensemble ses diverses branches. Cependant, comme l'expérience prouve qu'un nom vulgaire quelconque appliqué à un oiseau, indique presque toujours quelque trait de son physique ou de ses mœurs, il est à présumer que celui de *Sougnimbindou* en désigne un ou plusieurs, communs à tous les Souï-mangas de cette contrée. Au reste, si cette conjecture n'est pas fondée, ce nom ne doit point être rejeté pour cela, puisque sa connaissance, comme locale, est utile et même nécessaire au Naturaliste voyageur, pour parvenir avec plus de facilité au but de ses recherches. Je l'ai donc conservé, mais en le restreignant à une seule espèce. Si cette dénomination désigne une brillante parure, qui peut mieux la mériter que ce magnifique oiseau? Il surpasse tous les Souï-mangas, par une taille plus grande et des couleurs dont l'harmonie et la beauté ne laissent rien à desirer. Sa robe réunit le coloris, le velouté des fleurs, l'éclat des métaux, les reflets des pierres les plus resplendissantes. Le violet pourpré, l'azur et le vert cuivré règnent sur sa gorge; cette riche alliance est séparée du rouge velouté de la poitrine par une étroite ceinture d'un vert doré éclatant; toutes ces nuances s'isolent sur les autres parties du corps. Le bleu d'azur couronne la tête; le vert doré domine sur l'occiput et le dessus du corps: un rouge foncé couvre le ventre et ses côtés; enfin, le tout est ombré par le brun noirâtre des pennes des ailes et de la queue; l'iris est rouge; les mandibules et les pieds sont noirs. Longueur totale, six pouces; bec, treize lignes.

Nous devons au Naturaliste Perrein la connaissance de cette nouvelle et très-rare espèce, dont le genre de vie ne diffère pas de celui des précédens: il possède l'individu que nous venons de décrire, le seul qui soit en France.

Le Sougnimbindou . Pl. 226.

Le S. tricolor. Pl.

LE SOUÏ-MANGA TRICOLOR. [1]

PLANCHE XXIII.

Parties antérieures d'un cuivré rougeâtre ; parties postérieures noires.

LE nom de *tricolor* me paraît convenir à cette nouvelle espèce, puisque son plumage n'offre que trois couleurs décidées. Une teinte d'un cuivre rougeâtre se développe avec des reflets violets et verdâtres sur la tête, le cou, la gorge, le dos, le croupion et les couvertures supérieures de la queue ; un beau noir recouvre les inférieures de cette dernière, la poitrine, le ventre, le bec et les pieds ; un brun foncé teint les ailes et les pennes caudales.

Cet oiseau, moins rare que le précédent, est plus petit. Sa taille a quinze lignes de moins et son bec trois. Il habite le même pays et ne se plaît que dans les bosquets, près les bords de la mer.

De la collection de Perrein.

---

[1] Je rapporte le *Certhia œnea* de Sparman (Mus. carls fasc. 4, tab. 78) à cette espèce, dont il ne diffère que par la couleur de la queue qui est noire et bordée de bleu.

LE SOUÏ-MANGA VERT ET BRUN.

PLANCHE XXIV.

Vert; poitrine d'un bleu violet nuancé de rouge terne; ventre, ailes et queue bruns.

On pourrait regarder cet oiseau comme une variété du Souï-manga à collier, car leur plumage a de grands rapports; mais celui-ci diffère de l'autre, en ce que le ventre est brun, que les ailes et la queue sont d'une teinte plus foncée; ce qui le distingue plus particulièrement, c'est la privation des deux petits faisceaux de plumes jaunes qu'on remarque sur les côtés de la poitrine de celui à collier : enfin, la différence se saisira aisément, en comparant les deux figures de ces oiseaux faites d'après nature [1]. D'après le sens que je donne au mot variété [2], je regarde ce Souï-manga comme une nouvelle espèce, dont nous devons la connaissance au Naturaliste Perrein. Très-nombreuse à Malimbe, elle a les mœurs et les habitudes des précédens. Qu'on ajoute à ce que j'ai déjà dit de son physique un joli vert avec quelques reflets métalliques, colorant la tête, le cou, la gorge, le dos et les plumes scapulaires; une taille, un bec et des pieds pareils à ceux du Souï-manga varié; l'on aura une idée complète des dimensions et des couleurs de cet oiseau.

De la collection de Perrein.

---

[1] Voyez planch, 13 et 24.

[2] Voyez pag. 12, note 4, Histoire des Oiseaux de Paradis.

Le S. vert et brun. Pl. 24

Le S. vert et gris. Pl. 25.

LE SOUÏ-MANGA VERT ET GRIS.

PLANCHE XXV.

Dessus du corps vert; dessous gris; tête bleue.

Lorsqu'un Souï-manga ne porte sur son plumage que de modestes couleurs, on se persuade aisément que cet individu est une femelle ou un jeune : cependant, si le Naturaliste n'a pour guide que des conjectures, il ne doit pas se presser de décider; il doit au contraire se borner à présenter l'objet tel qu'il le voit et l'isoler dès qu'il doute, pour ne pas faire des espèces ou des alliances imaginaires. Cette manière de décrire prépare la voie à l'observateur qui, par la suite, veut remplir la lacune que le doute laisse après lui. Si je donne une dénomination particulière au Souï-manga dont je vais parler, comme j'ai déjà fait à plusieurs qui ne me paraissent pas encore revêtus des couleurs qui caractérisent un âge avancé; ce n'est pas pour signaler une espèce, mais seulement pour le distinguer des autres par une désignation quelconque, en attendant que de nouvelles connaissances lui assignent sa vraie place. Celui-ci porte l'uniforme d'un jeune, si l'on en juge d'après le peu d'éclat de ses teintes; car, à l'exception de la tête qui est d'un bleu chatoyant à reflets cuivrés, tout le reste du corps est partagé entre le vert, le gris et le brun. Le premier couvre les parties supérieures du corps, borde les pennes des ailes et les caudales; le brun teint ces dernières à l'intérieur; le gris domine depuis le menton jusqu'aux couvertures inférieures de la queue. Longueur totale, quatre pouces sept lignes; bec, dix lignes, noir ainsi que les pieds; ongles bruns.

Perrein conserve dans sa collection l'individu dont nous donnons la figure. C'est le seul qu'il ait trouvé dans les trois voyages qu'il a faits à la côte d'Angole.

JEUNES SOUÏ-MANGAS.

PLANCHES XXVI et XXVI bis.

Brun; ventre jaune pâle; ailes et queue brunes.

L'AGE de ces oiseaux est plus aisé à déterminer que celui du précédent; car on voit, sur diverses parties du corps, des couleurs indicatives de l'époque où ils quittent l'habit de l'enfance, pour se revêtir de celui de l'adulte. Le croupion, les pennes de la queue et les petites couvertures des ailes du premier offrent quelques rapprochemens avec le Souï-manga à collier; mais son bec est plus court et plus mince. D'un autre côté, les nouvelles plumes qu'on voit sur la poitrine ressemblent à celles de l'Eclatant, c'est-à-dire qu'elles sont noirâtres à leur base, vertes dans leur milieu, et rouges à l'extrémité : c'est le seul rapport qu'il ait avec ce dernier. On pourrait encore le rapprocher de quelqu'autre espèce; mais il n'en résulterait que des conjectures vagues : c'est pourquoi, d'après une pareille incertitude, je ne le donnerai que comme un jeune oiseau de cette famille.

Cet individu a quatre pouces; le bec brun et long de sept lignes; la tête, le cou, le haut du dos d'un brun-clair; le croupion, les petites couvertures des ailes d'un vert doré; la gorge et la poitrine grises : ces couleurs ne sont pas pures; elles sont mélangées de brun sur le bas du dos, de bleu sur le croupion et sur la poitrine; les pennes latérales de la queue sont bordées de gris-blanc; les pieds sont bruns.

Du cabinet de Dufrêne.

LE SECOND (*pl.* 26 *bis*) est à-peu-près du même âge que celui ci-dessus. La force, la longueur et la courbure de son bec le rapprochent du Souï-manga pourpre. Une teinte brune est répandue sur la tête, le dessus du corps, les ailes et la queue; une teinte jaune-sale couvre le dessous et les côtés du cou, la gorge, le ventre et le bas-ventre; la poitrine, sur laquelle on apperçoit quelques plumes vertes, est d'un ton plus foncé; un vert brillant borde les moyennes couvertures qui sont bleues, colore les petites et celles du dessus de la queue dont les deux pennes latérales sont bordées de blanc. Longueur totale, quatre pouces trois quarts; bec, treize lignes, noir ainsi que les pieds.

Du Muséum d'Histoire Naturelle.

Jeune Soui-manga. Pl. 26

Le Soui-manga . Pl. 26. (bis)

Le S. rouge doré. pl. 2.

LE SOUÏ-MANGA ROUGE-DORÉ.

PLANCHE XXVII.

Rouge doré ; petites couvertures des ailes d'un violet brillant ; pennes des ailes et de la queue brunes.

Je regarde cette espèce comme nouvelle, parce que je n'ai trouvé, dans les Voyageurs et les Ornithologistes, aucune description qui puisse lui convenir. J'ignore quel pays elle habite. Cet oiseau est long de trois pouces trois quarts ; son bec a huit lignes, et est noir ainsi que les pieds.

Du Muséum d'Histoire Naturelle.

Nota. Les Auteurs de l'Histoire des Oiseaux-mouches ont attribué (tom. 1 , pag. 55) à la fumée du soufre la dégradation et même la destruction des couleurs des oiseaux empaillés, sur-tout des couleurs vertes, dorées et à reflets métalliques ; mais un Ornithologiste moderne a publié dans un de ses ouvrages, qu'au contraire cette fumée *a la faculté de dorer les plumes vertes qui jettent un éclat* » *métallique, et que l'or ne s'efface jamais.... C'est ce qui fait,* dit-il, *que tous les Oiseaux-* » *mouches, la plupart des Colibris et des Sucriers* se trouvent souvent très-dorés *dans les cabinets,* » *quoique la plus grande partie ne soient dans leur état de nature que d'un beau vert plus ou* » *moins brillant* ». D'après cette assertion, il paraîtrait que ce Naturaliste n'a pas vu vivans les Colibris et les Oiseaux-mouches ; car tous ceux qui les ont vus dans cet état sont d'accord sur leur plumage émaillé de couleurs sur un fond d'or, comme le dit Duprat. (*Voy.* Hist. de la Louisiane ; *voy.* encore Dutertre, Charlevoix, Bancroft, etc.)

Quoique les expériences de cet Ornithologiste prouvent, selon lui, par leur résultat, le contraire de ce qu'ont avancé les Auteurs ci-dessus cités, ces Auteurs n'en persistent pas moins à assurer que la fumée du soufre est un fléau pour les couleurs des oiseaux, et que non-seulement elle les détruit, mais même décompose les plumes à un tel point, qu'elle les fait tomber en poussière : la perte éprouvée par l'un d'eux de plus de trois cents oiseaux totalement décolorés, en est une preuve incontestable, ainsi que l'ancienne collection du Muséum d'Histoire naturelle, dont il reste encore assez d'oiseaux endommagés, pour convaincre de la vérité ceux qui en douteraient ; qu'ils les comparent avec des oiseaux non-soufrés, avec les Colibris et les Oiseaux-mouches rapportés par Mangé, l'opposition seule de ces derniers sera une conviction sans réplique. Les anciens, bien loin d'avoir acquis des couleurs plus brillantes, ont perdu celles qu'ils doivent à la Nature ; leur plumage est devenu terne et sombre, ceux qui étaient verts ou dorés ont perdu leur teinte verte et toute apparence d'or.

LE SOUÏ-MANGA GRIS.

PLANCHE XXVIII.

Gris; paupières blanches ; ventre et couvertures inférieures de la queue jaunâtres.

Cet oiseau, n'ayant pas les mandibules dentelées, se rapproche des deux petites espèces dont nous parlerons par la suite. Son ensemble présente des rapports avec le Souï-manga de l'île de Bourbon décrit dans Buffon (*certhia burbonica*, Gmelin.) ; mais sa taille est moindre de près de quinze lignes et son bec d'environ quatre [1]. Du reste, celui de Buffon ne diffère que par des nuances plus foncées et plus belles sur quelques parties du corps. Ne se pourrait-il pas qu'il fût un mâle, et celui-ci une femelle de la même espèce? Ce Souï-manga se trouve aussi dans l'Inde ; mais j'ignore dans quelle partie : il a été apporté par un des Naturalistes qui ont été à la recherche de la Peyrouse.

Cet oiseau a trois pouces deux tiers ; le bec long de neuf lignes, brun en dessus et jaunâtre en dessous vers sa base. Le gris domine sur la tête, le cou, le menton, la gorge et la poitrine, mais avec des nuances différentes. Sur la première il est verdâtre ; ardoisé sur le second ; presque blanc sur le troisième ; roux sur la poitrine et la gorge. Le vert qui colore les autres parties du corps devient olivâtre sur le dos, jaunâtre sur le croupion et les petites couvertures des ailes ; les pennes sont, ainsi que les caudales, bordées de cette couleur à l'extérieur et brunes à l'intérieur. Les intermédiaires, étant les plus courtes, rendent la queue fourchue ; les pieds sont jaunâtres et les ongles noirs.

Cet oiseau est dans la collection du professeur Brongniart.

---

[1] N'y aurait-il pas erreur dans la description de Montbeillard ? car l'oiseau figuré de grandeur naturelle (pl. enl. 681 , fig. 2.) est à-peu-près de la taille de celui-ci. J'observerai qu'il a aussi les paupières blanches ; ce dont cet Auteur ne parle pas.

Le S. gris. Pl. 28

Le S. à gorge bleue. Pl. 29.

LE SOUÏ-MANGA A GORGE BLEUE.

PLANCHE XXIX.

Olivâtre; gorge et poitrine d'un bleu d'outre-mer éclatant; ventre d'un beau jaune.

Grimpereau de l'île de Luçon. Sonnerat, Voy. à la Nouvelle-Guinée, pl. 3o, fig. A. — Souï-manga olive à gorge pourpre. Buffon, Ois. — Grimpereau olive des Philippines. Brisson, Ornith. — *Certhia Zeylonica.* Linné, *Syst. nat.* — Ceylonese creeper. Latham, Synop.

CET oiseau, regardé par Montbeillard comme le même que le Souïmanga olive à gorge pourpre, dont il diffère par un peu moins de longueur dans la taille et le bec, est totalement pareil à celui de Sonnerat (fig. A). Quant à la couleur de la gorge, Montbeillard la voit pourpre lorsqu'il signale l'oiseau, et d'un violet foncé très-éclatant lorsqu'il le décrit. Je l'ai vu, comme Sonnerat, d'un bleu d'outre-mer. Je crois qu'on ne doit pas avoir égard à cela, puisque l'on sait que les couleurs éclatantes doivent aux effets de la lumière, la variété de leurs nuances; mais j'ai dû désigner l'oiseau par la couleur que j'ai vue. Quoi qu'il en soit, cette espèce se trouve aux Philippines, dans l'île de Luçon. C'est à quoi se bornent nos connaissances, Poivre et Sonnerat ne nous ayant donné aucuns détails sur le genre de vie de cet oiseau.

J'ajouterai à la description de son physique, qu'une couleur olivâtre couvre tout le dessus du corps, borde les grandes couvertures, les pennes des ailes et de la queue dont le brun est la couleur principale; que les plumes subalaires sont d'un blanc jaunâtre; les pieds et les mandibules noirs. Longueur totale, trois pouces deux tiers; bec, huit lignes. Celui de Buffon a quatre pouces, et le bec neuf à dix lignes.

Du Muséum d'Histoire naturelle.

LE SOUÏ-MANGA A GORGE BLEUE FEMELLE.

PLANCHE XXX.

Olivâtre clair ; gorge jaune ; ailes et queue brunes.

Grimpereau de l'île de Luçon. Sonnerat, Voy. à la Nouvelle-Guinée , pl. 5o, fig. B.
— *Certhia Philippina.* Gmelin , *Syst nat.* — Philippian creeper. Latham , Synop.

So n n e r a t soupçonne que cet oiseau est la femelle du précédent. Montbeillard le rapporte au Grimpereau des îles Philippines de Brisson [1]. Ce
dernier a quatre pouces trois quarts ; son bec , douze lignes. Celui de Sonnerat a un pouce de moins et le bec plus court de quatre lignes. Cette
grande différence permet-elle ce rapprochement qu'ont fait aussi Gmelin et
Latham : ils ajoutent de plus, d'après Linné , que l'oiseau de Brisson a les
deux pennes intermédiaires de la queue très-longues. Il est probable que
ces deux Méthodistes ont vérifié ce fait ; mais ayant écrit depuis Montbeillard qui paraît en douter, ils auraient dû faire mention de cette véri-
fication. Au reste, j'adopte l'opinion de Sonnerat qui s'est procuré cet
oiseau dans le même pays que le précédent , d'autant plus que toutes
les dimensions sont les mêmes. La couleur olivâtre qui recouvre le dessus
du corps de cet oiseau, est plus claire que celle du mâle, et le jaune
qui teint, dans celui-ci , tout le dessous du corps, a moins d'éclat. Le
bec et les pieds sont noirs.

Du Muséum d'Histoire Naturelle.

---

[1] C'est à mon avis, dit Montbeillard, le Grimpereau B de la pl. 5o de Sonnerat. *Voyez* tom. 10,
pag. 258 , édit. *in-12.*

Le S. à gorge bleue, f.(le) Pl. 30

Le S. à cravate bleu.

LE SOUÏ-MANGA A CRAVATE BLEUE.

PLANCHE XXXI.

Gris; bande longitudinale sur la gorge, petites couvertures des ailes d'un bleu-violet
éclatant; ailes brunes.

Le petit Grimpereau des Philippines. Brisson, Ornith. — Variété secondaire du
Souï-manga olive à gorge pourpre. Buffon, Ois. — *Certhia jugularis.* Linné, *Syst.
nat.* — Grey creeper. var. A. Latham, Synop.

JE nomme ainsi cet oiseau, pour le distinguer de celui à cravate violette (pl. 15). Leur gorge m'a paru nuancée de bleu et de violet; mais
le premier domine sur celle de cet individu, et le second sur celle de l'autre. Le Souï-manga à cravate bleue étant plus petit, Montbeillard est
porté à croire que c'est une variété d'âge de celui à cravate violette. Latham, d'après le même motif, le regarde plutôt comme la femelle que
comme un jeune. Brisson et Linné en font une espèce particulière. J'ai
examiné le plumage de cet oiseau, les plumes bleues et violettes m'ont
paru nouvelles, et j'ai reconnu dans les autres la livrée de l'enfance;
ce qui me fait présumer que c'est un jeune à l'époque de sa première mue.
Mais je diffère d'opinion avec les Ornithologistes qui le rapportent au
Souï-manga à cravate violette, que je regarde aussi comme un jeune ; car
d'après la disproportion de leur taille et la couleur éclatante des pennes
caudales de celui-ci , je crois qu'il appartient à une autre espèce. Il résulte de cette diversité d'opinions purement conjecturales que cet oiseau
demande à être mieux connu pour lui assigner sa vraie place.

Sa taille est de trois pouces et demi ; il a le bec long de huit lignes,
dentelé , et d'un brun noirâtre. Sa langue est divisée en deux filets vers
son extrémité : le gris domine sur le dessus ?. corps; le jaune sur le
dessous, mais d'une teinte plus pâle sur le bas-ventre : cette couleur est
coupée par une bande longitudinale d'un bleu-violet éclatant qui s'étend
jusque sur la poitrine. Les pennes de la queue, quelques plumes du sommet de la tête et le croupion sont de cette dernière couleur. Pieds
noirâtres.

Du Muséum d'Histoire Naturelle.

LE SOUÏ-MANGA A GORGE VIOLETTE.

PLANCHE XXXII.

Dos mordoré; poitrine rouge; ailes noires.

Grimpereau de l'île de Luçon. Sonnerat, Voy. à la Nouvelle-Guinée, pl. 3o, fig. D.
Souï-manga à gorge violette et poitrine rouge. Var. Buffon, Ois. — *Certhia spirata.*
Linné, *Syst. nat.* — Red breasted, var. B. Latham, Synop.

CET oiseau regardé par Montbeillard et les Ornithologistes qui l'ont décrit depuis comme une seconde variété du Souï-manga marron pourpré à poitrine rouge, en diffère par une taille moindre de cinq lignes, et quelques couleurs autrement nuancées. Nous en devons la connaissance à M. Sonnerat, qui a enrichi l'Ornithologie d'un grand nombre de nouvelles espèces. Ce Souï-manga a les plumes de la tête vertes; la gorge d'un violet lustré; la poitrine d'un rouge qui tient le milieu entre le vermillon et le carmin; les petites couvertures des ailes mordorées, et le pli d'un vert brillant; le croupion, les pennes et les couvertures supérieures de la queue, d'une couleur d'acier poli tirant sur le verdâtre; les inférieures d'un vert terne; le ventre jaune; le bec et les pieds noirs. Longueur totale, trois pouces sept lignes; bec, huit lignes.

Du Muséum d'Histoire naturelle.

Le S. à gorge violette. Pl. 32

Le S. à gorge violette, I. âge. pl. 55.

LE SOUÏ-MANGA A GORGETTE VIOLETTE, *Jeune Age.*

PLANCHE XXXIII.

Parties supérieures du corps brunes ; gorge et poitrine blanches; ventre jaune-clair.

Parmi les Grimpereaux Souï-mangas décrits ou figurés jusqu'à présent, je n'en vois pas qui aient plus de rapport avec celui-ci que le petit Grimpereau brun et blanc d'Edwards [1]. Leur identité serait parfaite, si le brun qui colore aussi les parties supérieures du corps de ce dernier n'offrait des reflets cuivrés, et si le blanc qui recouvre le ventre avait une teinte jaunâtre. Tous les deux habitent les mêmes pays que le précédent. Je les regarde comme des jeunes de son espèce; j'appuie cette conjecture à l'égard de celui que je décris, sur ce qu'il est à-peu-près de même taille; qu'il a le bec et la langue conformés de même; le ventre et le bas-ventre jaunes comme lui, mais d'une teinte plus faible.

Pour compléter la description physique de cet individu, j'ajouterai que sa longueur est d'environ trois pouces et demi; que son bec long de sept lignes est brun ainsi que les pieds; et que la couleur brune du dos est plus foncée sur la queue.

Du Muséum d'Histoire Naturelle.

---

[1] Little brown and White creeper, pl. 26. Cet oiseau est donné par Montbeillard et Latham pour première variété au Souï-manga marron pourpré à poitrine rouge. Brisson et Linné en font une espèce particulière. Le premier, sous le nom de Grimpereau des Indes ; le second sous celui de *Certhia pusilla.*

LE SOUÏ-MANGA A CEINTURE ORANGÉE.

P L A N C H E   X X X I V.

Vert ; bande transversale orangée sur la poitrine ; ailes brunes, queue noirâtre.

NE connaissant ni les mœurs, ni même le pays qu'habite cet oiseau, je suis forcé de me restreindre à la seule description de son plumage. Cet individu de la taille du précédent est paré de plusieurs des belles nuances qui caractérisent cette charmante famille. Une teinte verdâtre à reflets bleus, règne sur la tête et le dos ; un vert qui dispute à l'or son éclat, fait la parure de la gorge, des petites couvertures des ailes, du croupion et des barbes extérieures des pennes caudales ; sur le haut de la poitrine ce vert se change en bleu : une bande orangée lui succède, et le sépare du noir verdâtre qui couvre la partie inférieure et le ventre. On remarque encore sur ce Souï-manga les deux taches jaunes qui distinguent le plus grand nombre de ces oiseaux. Le bec long de huit lignes est noir ainsi que les pieds.

Du Muséum d'Histoire Naturelle.

Le S. à ceinture orangée. Pl. 54.

Le S. à Dos rouge. Pl. 35

LE SOUÏ-MANGA A DOS ROUGE.

PLANCHE XXXV.

Dessus du corps rouge; dessous blanc et gris; couvertures des ailes d'un bleu bronzé.

Grimpereau à dos rouge de la Chine. Sonnerat, Voy. aux Ind. orient. — Red-backed creeper. Latham, Suppl. to Synop. — *Certhia erythronotos.* Idem, *Syst. Ornith.*

LE petit Grimpereau rouge, noir et blanc d'Edwards [1] me paraît avoir de grands rapports avec ce Souï-manga. La taille, le bec, les couleurs sont les mêmes; il n'en diffère qu'en ce que le rouge est coupé transversalement par quatre bandes noires. Cette faible différence ne proviendrait-elle pas de l'âge ou du sexe? Trois couleurs principales règnent sur le plumage de cet oiseau. Un beau rouge cinabre pare le dessus de la tête, le cou, le dos, le croupion et les couvertures de la queue; un noir vineux couvre les pennes des ailes et les caudales; cette teinte prend un ton bleuâtre sur les joues et les côtés du cou; le blanc occupe le devant de ce dernier et le reste du corps; il se mélange de gris sur la poitrine et les côtés du ventre. L'individu de Sonnerat a ces dernières parties d'un blanc roussâtre. Longueur totale, trois pouces un quart; bec, neuf lignes, noir ainsi que les pieds; iris rouge.

Du Muséum d'Histoire Naturelle.

---

[1] Black, White, and red indian creeper (pl. 81). Cet individu est décrit par Montbeillard sous le nom de Souï-manga rouge, noir et blanc; Brisson le nomme Grimpereau du Bengale; Linné, *Certhia cruentata,* et Latham, Red-spotted creeper synop.

LE SOUÏ-MANGA ROUGE ET GRIS.

PLANCHE XXXVI.

Parties antérieures d'un rouge vermillon; ventre gris; ailes et queue noires.

CET oiseau qui habite aussi dans les Indes orientales, pourrait encore se rapporter au précédent. Sa taille, son bec [1], ses teintes sont les mêmes; mais le rouge est d'une nuance un peu différente, et s'étend sur d'autres parties du corps. Il pare la tête, le dessus du cou, le dos, la gorge et le haut de la poitrine; la partie inférieure de cette dernière est grise; les couvertures du dessous de la queue sont blanches; les petites des ailes offrent une belle teinte bleue; le bec et les pieds sont noirs.

Parmi les Grimpereaux dont le rouge est la couleur dominante, plusieurs ont des rapports avec ceux-ci; et si l'on ne consultait que les descriptions, il en est même qu'on pourrait aisément confondre avec eux; quoiqu'ils soient d'espèces différentes, et qu'ils habitent des contrées très-éloignées les unes des autres : tels que les Grimpereaux, *cardinal*, *scarlet*, *crimson* de Latham. Il faut pour en saisir les différences pouvoir les comparer d'après nature ou des figures exactes.

Du Muséum d'Histoire Naturelle.

---

[1] Ces deux petits Souï-mangas diffèrent des précédens par la conformation de leur bec; il est plus court, très-peu arqué, et privé des petites dents que nous avons remarquées dans celui des autres. Le bec de celui-ci est figuré, pl. 1, n° 9.

Le S. rouge et gris. Pl. 56.

Le g.d S. à longue queue. Pl. 37

LE GRAND SOUÏ-MANGA A LONGUE QUEUE.

PLANCHE XXXVII.

Vert brillant ; les deux pennes intermédiaires de la queue plus longues que les autres ; une tache jaune sur chaque côté de la poitrine ; trait noir-velouté entre le bec et l'œil.

Le Grimpereau à longue queue du Cap de Bonne-Espérance. Brisson, Ornith. — Le grand Souï-manga à longue queue. Buffon, Ois. — *Certhia famosa.* Linné, *Syst. nat.* — Famous creeper. Latham, Synop.

Ce Souï-manga et les deux suivans se distinguent des autres par une queue plus longue : ce sont les seuls bien connus avec ce caractère ; car il paraît douteux, comme je l'ai déjà dit, que le *Certhia philippina* de Linné ait les deux pennes intermédiaires très-longues. Quant au Grimpereau cendré de Latham (Cinereous creeper), il est très-incertain que ce soit une espèce, puisqu'il lui semble, avec raison, être le même que celui dont Montbeillard fait la femelle du grand Souï-manga. Cependant ce dernier croit que, parmi les espèces qu'il désigne par une queue courte, il peut y avoir des mâles qui, dans un temps requis, jouissent de la même prérogative que celui-ci. J'ai multiplié mes recherches dans les collections françaises et étrangères qui me sont ouvertes, et je n'ai pu vérifier si son opinion est fondée. Cet oiseau se trouve au Cap de Bonne-Espérance, et y fait l'ornement des volières. Un beau vert brillant règne sur tout son corps, et se change faiblement en bleu vers le bas-ventre ; toutes les plumes sont grises à leur base, ensuite noires, et terminées par une frange verte qui paraît seule lorsqu'elles sont bien rangées et bien couchées les unes sur les autres ; un noir-violet couvre les pennes des ailes et les caudales ; un beau vert-doré borde les secondaires à l'extérieur et les deux côtés des pennes intermédiaires de la queue. Longueur totale, neuf pouces et demi ; bec, seize lignes, noir, ainsi que les pieds ; ailes dépassant peu l'origine de la queue ; les deux pennes intermédiaires plus longues que les autres de deux pouces huit lignes.

De la collection d'Audebert.

LE GRAND SOUÏ-MANGA A LONGUE QUEUE, *Femelle.*

PLANCHE XXXVIII.

Gris cendré jaunâtre ; ailes et queue d'un brun changeant en vert et bordées de blanchâtre.

QUOIQUE ces Souï-mangas soient communs au Cap de Bonne-Espérance, on n'a aucuns renseignemens certains sur le plumage des femelles et des jeunes. Ce qu'en ont dit les Auteurs, et ce que j'en dirai moi-même n'est que conjectural. Si, dans cette race, les deux sexes se ressemblent, cet individu ne serait pas une femelle, mais un jeune ; si au contraire la femelle, comme dans beaucoup d'espèces, diffère du mâle par des couleurs moins brillantes, il est à présumer qu'il en est une. La même présomption existerait encore, si ces oiseaux ne dérogent pas à la règle presque générale qui donne aux jeunes un plumage analogue à celui de leur mère. Celle que désigne Montbeillard diffère de cet individu par la longueur des pennes intermédiaires de la queue et quelques plumes d'un beau vert, éparses sur le dos, le croupion et la poitrine ; d'après la couleur de ces plumes et la longueur de ces pennes, cet oiseau ne serait-il pas un jeune mâle qui commence à prendre l'habit des vieux [1] ? Je le pense, vu que cet excédent des plumes intermédiaires est ordinairement un attribut des mâles ; qu'on ajoute à cela la teinte verte de quelques plumes, pareille à celle du précédent ; mes conjectures paraîtront aussi bien fondées qu'elles peuvent l'être, lorsqu'on n'a pour guide que des peaux ou des mannequins.

Tout le dessus du corps de ce Souï-manga est d'un gris-cendré jaunâtre ; une ligne jaune part des coins de la bouche, et s'étend le long du cou et de la gorge, qui sont, ainsi que les parties postérieures, d'un jaune sale, mais plus clair sur le ventre et le bas-ventre : on remarque une petite tache jaunâtre auprès des yeux. Longueur totale, un peu plus de cinq pouces ; bec, quatorze lignes, noirâtre, ainsi que les pieds.

Cet oiseau est dans la collection d'Audebert.

---

[1] Je considère aussi le Grimpereau cendré de Latham comme un jeune mâle, mais moins avancé en âge que celui de Montbeillard.

Le g.^d S. à longue queue, f.^{ie} pl. 38

BnF ARS

Le S.t à capuchon violet. Pl. 56.

LE SOUÏ-MANGA A CAPUCHON VIOLET.

PLANCHE XXXIX.

Vert changeant en violet; poitrine et ventre d'un bel orangé.

Le petit Grimpereau à longue queue du Cap de Bonne-Espérance. Brisson, Ornith. — Le Souï-manga à longue queue et à capuchon violet. Buffon, Ois. — *Certhia violacea*. Linné, *Syst. nat.* — Violet-headed creeper. Latham, Synop.

CET oiseau habite les environs du Cap de Bonne-Espérance. Querhoënt qui l'a vu vivant, nous apprend qu'il compose son nid d'une bourre soyeuse, et qu'avec cette seule matière il sait lui donner une forme artistement faite : c'est à quoi se bornent ses observations.

Les petits faisceaux de plumes, les couleurs à reflets qu'on admire sur le plus grand nombre des Souï-mangas à queue courte, se réunissent aussi pour parer le plumage de celui-ci : un vert changeant en violet sombre orne la tète et le cou. Cette dernière couleur domine sur la gorge; un orangé vif lui succède, couvre la poitrine, et s'affaiblit sur les parties subséquentes : le dos, le croupion, le bord des pennes des ailes et de la queue sont d'un vert olive; le brun est la couleur de ces dernières, et le noir celle des mandibules et des pieds. Longueur totale, six pouces; bec, dix lignes; queue étagée, trois pouces; pennes intermédiaires plus longues que les autres de neuf lignes, et plus larges que celles des deux autres espèces.

Cet oiseau est dans ma collection.

LE PETIT SOUÏ-MANGA A LONGUE QUEUE.

PLANCHE XL.

Vert doré; poitrine rouge sanguin; deux faisceaux de plumes d'un beau jaune sur les côtés.

Grimpereau à longue queue du Sénégal. Brisson, *Ornith.* — Le Souï-manga vert-doré changeant à longue queue. Buffon, *Ois.* — *Certhia pulchella.* Linné, *Syst. nat.* — Beautiful creeper. Latham, *Synop.*

Quoique je rapporte cet oiseau à celui des Ornithologistes cités ci-dessus, il existe entre eux, sur-tout dans les proportions du corps, des différences que je dois faire remarquer; le plumage étant à-peu-près le même, j'ai cru pouvoir les réunir. Peut-être sont-ce deux espèces distinctes l'une de l'autre. Mais je n'ai pu me procurer en nature celui du Sénégal, pour pouvoir les comparer [1]. Celui-ci habite à Malimbe, où Perrein l'a vu vivant. Il y est très-commun; il se plaît constamment, dit ce Naturaliste, au milieu des fleurs dont il suce le miel, comme les Colibris.

Ce charmant petit Souï-manga a la tête, le cou, le dos, la gorge, les petites couvertures des ailes, le croupion et le dessus de la queue d'un vert-doré à reflets violets. Cette couleur borde aussi les deux pennes intermédiaires; le ventre, les cuisses, les couvertures du dessous de la queue sont d'un gris verdâtre; le brun est la couleur des ailes et des pennes caudales, mais il prend une teinte violette sur ces dernières. Le bec, les pieds, les ongles et l'iris sont noirs. Grosseur du pouillot; longueur totale, six pouces une ligne; bec, huit lignes; queue entière, trois pouces cinq lignes; pennes intermédiaires, étroites et dépassant les autres de deux pouces deux lignes; pieds, sept lignes; doigt du milieu, quatre lignes; vol, cinq pouces un quart [2].

Cet oiseau est dans ma collection.

---

[1] Il faut remarquer que les couleurs du Souï-manga (pl. enl. de Buffon, n° 670, fig. 1) ne sont pas conformes à celles que lui donne Montbeillard dans sa description. La poitrine est mélangée de vert et de rouge; de plus il est beaucoup plus gros. Généralement il est très-difficile à reconnaître. Cet oiseau diffère du nôtre par la privation des deux faisceaux de plumes jaunes, et par la couleur du ventre, des côtés et des couvertures du dessous de la queue. Il diffère encore dans les diverses proportions du corps qui sont ainsi décrites par Montbeillard. Longueur totale, sept pouces deux lignes; bec, huit lignes et demie; tarse, sept lignes; doigt du milieu, cinq lignes et demie; vol, six pouces un quart; queue, quatre pouces trois lignes; pennes intermédiaires plus longues que les autres de deux pouces huit lignes.

[2] » La femelle, dit Montbeillard, a le dessus brun-verdâtre; le dessous jaunâtre varié de brun;

Le p.^t S. à longue queue. Pl. 40.

N'ayant pu, malgré mes recherches, me procurer en nature tous les Grimpereaux décrits ou figurés jusqu'à présent, je me bornerai pour ceux qui suivent, à la seule description qu'en donnent les Ornithologistes et les Voyageurs, afin de compléter ce genre, l'un des plus nombreux parmi les oiseaux. Je placerai à la suite de chaque tribu ceux qui habitent la même contrée, sans donner d'autre garantie que l'autorité de ceux qui les ont fait connaître les premiers : c'est au temps et à l'observateur à indiquer leur véritable place.

Le Souï-manga vert a gorge rouge, *Certhia afra*. (Edwards, pl. 347. Sonnerat, Voy. aux Indes, t. 2, pl. 116, fig. 2.). Latham en fait deux espèces, l'une sous le nom d'*African creeper* (Synop.), l'autre sous celui de *Blue-rumped creeper* (Suppl. p. 131), et lui donne trois variétés (Synop. p. 717, 718. Suppl. p. 127.). Cet oiseau a la taille du Serin; la tête, le cou, le dos et les petites couvertures des ailes d'un vert-clair chatoyant; les ailes et la queue mordorées; le croupion bleu de ciel; la gorge rouge; le bec et les pieds noirs. Longueur, quatre pouces deux tiers; bec, douze lignes. Il habite le Cap de Bonne-Espérance, et a, dit-on, un chant agréable.

Le Souï-manga de Malaca, *Certhia lepida* (Sonnerat, ibid. t. 2, pl. 116, fig. 1), est un peu plus petit que le précédent; le front est d'un vert-foncé chatoyant, une bande longitudinale d'un verdâtre terreux, part de l'angle supérieur du bec, passe au-dessous des yeux, et s'étend jusqu'à la moitié du cou, où elle se termine en s'arrondissant; une autre raie d'un beau violet prend naissance à l'angle des deux mandibules, et se prolonge jusqu'à l'aile; la gorge est d'un rouge-brun; les petites couvertures des ailes sont d'une couleur violette, ayant le poli et le brillant du métal; les moyennes sont mordorées; les grandes d'un brun terreux; le dos, le croupion et la queue d'un beau violet changeant; la poitrine, le ventre et les cuisses jaunes; l'iris est rouge; le bec noir; les pieds sont bruns.

Le Souï-manga siffleur de la Chine, *Certhia cantillans*.

<hr>

» les couvertures inférieures de la queue blanches, semées de brun et de bleu; le reste comme dans le » mâle, à quelques teintes près ». Ces couleurs, comme on l'a vu dans cet ouvrage, caractérisent aussi le plus grand nombre des Souï-mangas dans leur jeune âge; ce qui peut donner lieu à des erreurs que ne peut éviter l'Ornithologiste qui ne voit que des dépouilles.

(Sonnerat, ibid. pl. 117, fig. 2). Cet oiseau de la taille du Souï-manga à
dos rouge, a la tête, le cou, le dos, les ailes et la queue d'un gris-cendré bleuâtre; la gorge et le devant du cou de la même couleur, mais
plus claire; une tache triangulaire d'un jaune orangé sur le dos; la poitrine et le ventre de cette même teinte; les couvertures inférieures de
la queue d'un jaune clair; l'iris jaune; le bec et les pieds noirs.

Le Souï-manga gris de la Chine, *Certhia grisea* (Sonnerat,
ibid. pl. 117, fig. 3), est de la taille de la Mésange de France, et a le
dessus de la tête, du cou, le dos et les couvertures des ailes d'un gris
cendré; la gorge, la poitrine et le ventre d'un roux très-clair; les pennes
des ailes d'un brun terreux; la queue étagée et composée de dix pennes;
les deux premières brunes, et terminées par une bande transversale noire;
les latérales grises, avec une bande noire, longitudinale, demi-circulaire
vers l'extrémité; l'iris rouge; le bec noir; les pieds jaunes.

Le Souï-manga cuivré, *Certhia poleta* (Sparman, Mus. carls.
fasc. 3, tab. 59). Je rapporte cet oiseau au Souï-manga pourpre, dont il
ne diffère qu'en ce que les ailes et les parties postérieures du corps sont
d'un brun noir. Le *Certhia scarlatina* du même Auteur est rapporté par
lui-même au Souï-manga à collier, dont il ne diffère que par la couleur
du ventre.

Le Souï-manga orangé, *Certhia aurantia* (Gmelin.). Smeathman
qui a fait connaître cet oiseau, nous apprend qu'il se trouve en Afrique. Longueur, quatre pouces; bec noir; pieds obscurs; dessus du
corps vert; dessous jaunâtre; gorge orangée; pennes des ailes et de la
queue noires.

Le Souï-manga a queue fourchue, *Certhia melanura*. Sparman
(*Mus. carls. fasc.* 1, *pl.* 5) nous dit qu'il habite le Cap de Bonne-Espérance. Il a le bec noir; la tête et le dos violets; la poitrine et le ventre
inclinant au vert; les couvertures des ailes brunes et bordées d'olivâtre;
la queue assez longue, fourchue et noire; les pieds de cette couleur; les
ongles jaunâtres; quelques pennes des ailes bordées à l'extérieur de grisâtre : longueur, six pouces deux lignes.

Le Souï-manga a bec rouge, *Certhia erythrorynchos* (Red-
billed creeper. Latham, Synop. Suppl.), a un peu plus de trois pouces;
le bec rouge et terminé de noir; le dessus de la tête, une partie du cou et
le dos de couleur olive; la poitrine et le ventre blancs; les ailes, la queue,

les pieds d'une couleur sombre. N'est-ce pas un jeune oiseau? Il habite l'Inde, selon Latham; mais il ne dit pas quelle partie.

Le Souï-manga aux ailes jaunes , *Certhia chrysoptera* (Yellow-winged creeper. Latham , Synop. Suppl.), a la taille petite ; le bec noir; la tête et le cou variés de noirâtre et d'or; la langue longue et semblable à celle des Colibris ; les couvertures des ailes d'un beau jaune ; les pennes, la queue et les pieds noirs. Cet oiseau habite le Bengale.

Le Souï-manga a long bec, *Certhia longirostra* (Long-billed creeper. Latham , Synop. Suppl.), a cinq pouces ; le bec, un pouce et demi ; la langue est longue et pareille à celle du précédent ; le dessus de la tête et du cou est d'un vert-clair ; le dos, les ailes, la queue sont noirâtres, et bordés d'un vert olive; le dessous du cou, la poitrine sont blancs; le ventre, le bas-ventre d'un jaune pâle; les pieds bleuâtres.

Il habite le Bengale.

Le Souï-manga prasinoptère, *Certhia prasinoptera* (Sparman, *Mus. carls. fasc.* 1, *pl.* 81.), est un Colibri qui ressemble beaucoup au Grenat.

Le Souï-manga a touffes jaunes, *Certhia cirrata* (Latham, *Syst. ornith.* ibid. Tuffed creeper. Synop. Suppl.), a quatre pouces anglais de longueur; le bec noir; la tête, le cou et le dos d'un olive foncé ; les plumes bordées de noirâtre ; les pennes primaires brunes ; le ventre et la queue noirs. On remarque sur chaque côté de la poitrine une petite touffe de plumes jaunes; les pieds sont noirâtres. Il se pourrait que cet oiseau fût une femelle d'une des espèces qui sont décrites dans cet ouvrage; ses couleurs ternes me le font soupçonner.

Le Souï-manga noiratre, *Certhia guttularis* (Brisson, Ornith. t. 3, p. 658.), est de la grosseur du Bec-figue. Longueur totale, cinq pouces quatre lignes; bec, un pouce; sinciput et gorge d'un très-beau vert-doré ; le reste de la tête, le dessus du corps, la poitrine, le ventre d'un brun noirâtre; la partie inférieure du cou d'un rouge brillant, ensuite d'un vert-bleu changeant en violet, et terminé de rouge ; les plus petites couvertures des ailes d'un violet éclatant; les plus grandes , les pennes des ailes et de la queue d'un brun tirant un peu vers le roux ; bec et pieds noirs.

Le Souï-manga violet, *Certhia brasiliana* (Brisson, Ornith. t. 3, p. 662, n°. 30.), a la partie supérieure de la tête d'un très-beau vert-doré; les côtés, le dessus du cou, le dos et les plumes scapulaires d'un beau noir velouté; le bas du dos, le croupion, les couvertures du dessus de la queue et les petites du dessus des ailes d'un violet tirant sur la couleur d'acier poli; la gorge d'un violet éclatant; la poitrine d'un beau marron pourpré; le ventre, les ailes, la queue noirs; les pennes caudales bordées de violet. Grosseur du Roitelet; longueur, trois pouces cinq lignes; bec, sept lignes, noirâtre; pieds, gris-brun. Brisson dit que cet oiseau et le précédent habitent le Brésil. Cependant je les réunis aux Souï-mangas; car j'ai peine à croire qu'ils se trouvent en Amérique. Ils ont trop de rapport dans leurs couleurs avec les Grimpereaux de cette tribu qui n'habitent que l'Afrique. Ma présomption est d'autant plus fondée, que cet Auteur a donné d'autres oiseaux comme venant du Brésil, et qui ne se trouvent que dans l'ancien continent. J'ai moi-même reçu de Lisbonne des oiseaux qu'on me mandait appartenir aussi à la même contrée, mais qui venaient des possessions portugaises en Afrique.

Gmelin a décrit, parmi les Colibris, un individu, sous le nom de *Trochilus varius*, qui habite, selon lui, l'Amérique méridionale. Ses couleurs ont des rapports avec le précédent. Ce ne peut être un Colibri, puisqu'il dit lui-même qu'il a douze pennes à la queue. C'est ainsi qu'il le dépeint. Vert-doré; brun blanchâtre en dessous; double bande pectorale de bleu-vert et de rouge de sang; pennes des ailes d'un bleu pâle; couvertures supérieures de la queue d'un bleu-vert; queue longue d'un pouce et demi, brune, nuancée de vert, et terminée de blanchâtre. Longueur, quatre pouces et demi; bec et pieds noirs.

Le Souï-manga de Macassar, *Certhia Macassariensis* (Séba, t. 1, pag. 100, pl. 63, fig. 3.). Brisson a fait des Colibris de cet oiseau et des deux suivans; mais Latham, d'après l'opinion des Ornithologistes qu'il n'en existe point dans l'ancien continent, les a réunis aux Grimpereaux. Il me paraît fondé, d'autant plus qu'on ne doit la connaissance de ces oiseaux qu'à *Séba* qui vivait dans un temps où l'on confondait les Grimpereaux d'Afrique et de l'Inde avec les Colibris. Cet oiseau a la grosseur du Roitelet; quatre pouces et demi de longueur; le bec long de onze lignes; la poitrine, le ventre, les couvertures du dessous de la queue d'un brun foncé; le reste du corps vert-doré; le bec blanchâtre; les ongles noirs.

Le Souï-manga bleu des Indes, *Certhia Indica* (Séba, Thes. 2, p. 20, t. 19, fig. 2), a quatre pouces et demi; le bec long de quinze lignes; la gorge et la partie inférieure du cou d'un beau blanc; le reste du corps d'un bleu foncé; le bec et les pieds noirs.

Le Souï-manga d'Amboine, *Certhia Amboinensis* (Séba, 2 ,
p. 62, t. 2, fig. 2.), a la tête, la gorge, le cou jaunes et verts; le dessus
du corps d'un cendré gris ; la poitrine d'un beau rouge; le ventre , les
cuisses , les couvertures du dessous de la queue verts; les couvertures du
dessus des ailes noires ; le bord des ailes jaune : les pennes bordées de vert
clair ; le bec jaunâtre; toutes ces couleurs sont fort brillantes. Séba ne fait
pas mention de celles de la queue.

Le Grimpereau jaunatre, *Trochilus gularis* (Miller, Illust.
t. 20. A.). Cet oiseau a été donné par Gmelin pour un Colibri; comme
il habite l'Inde , j'ai cru devoir le réunir aux précédens. La gorge, le croupion sont bleus; le ventre est blanc, les ailes et la queue sont noires; le reste
du corps est jaunâtre.

Le Souï-manga de toutes couleurs, *Certhia omnicolor* (Séba,
Thes. n°. 5.). Longueur d'environ huit pouces ; le plumage est d'un vert
nuancé des couleurs les plus éclatantes, parmi lesquelles domine le vert-
doré; le bec est long d'un pouce et demi; la queue de deux pouces trois
lignes. Si cet oiseau n'était pas d'une taille aussi grande , on pourrait
appliquer cette courte description à plusieurs Souï-mangas.

Le Souï-manga au bec en faucille, *Certhia falcata.* Latham
a donné cet oiseau comme une espèce nouvelle, sous le nom de *Sickle-
billed creeper.* Quoique cet Ornithologiste n'indique pas le pays d'où
il vient, je présume d'après ses couleurs qu'il habite l'Afrique ou l'Inde :
c'est pourquoi je le place avec les Souï-mangas. Le dessus de la tête, du
cou et du corps est vert avec des reflets violets sur la première partie
seulement ; la gorge, la poitrine et la queue sont de cette dernière couleur; le ventre, les parties plus inférieures, les grandes couvertures et
les pennes des ailes sont d'un brun pâle ; longueur totale, cinq pouces et
demi anglais ; bec, vingt-une lignes, d'une couleur sombre , arqué comme
une faucille ; pieds bruns; ongles noirs.

Le Souï-manga couleur de tabac. (Snuff-coloured creeper.
Suppl. to Synop.) Cette nouvelle espèce de Grimpereau , dont nous devons
la connaissance à M. Latham, a huit pouces et demi anglais de longueur ;
le bec long de quinze lignes, peu courbé et d'un brun noir; la tête, le cou,
le dos d'une couleur de tabac ou de cannelle foncée; le dessous du corps
vert; les couvertures inférieures des ailes jaunes; les deux pennes intermédiaires de la queue, ayant deux pouces et demi, sont une fois plus
longues que les autres dont l'extrémité est carrée, et la teinte d'un

vert noirâtre ; pieds noirs. Cet Ornithologiste a joint aux Grimpereaux, le Rossignol de muraille des Indes de Sonnerat (*Indigo creeper*, *Suppl. p.* 130.). Cependant l'exact Observateur français ne l'a pas reconnu pour tel, puisqu'il ne l'a pas placé avec les Grimpereaux du même pays qu'il a décrit. En outre, il ne fait pas connaître la forme du bec, ni même M. Latham, c'est pourquoi je l'ai exclu de ce genre.

FIN DES GRIMPEREAUX SOUI-MANGAS.

Le Guit-Guit. Pl. 11.

HISTOIRE NATURELLE

DES

GRIMPEREAUX GUIT-GUITS.

LE GUIT-GUIT.

PLANCHE XLI.

Bleu ; sommet de la tête aigue-marine ; ailes doublées de jaune ; queue noire.

Le Grimpereau bleu du Brésil. Brisson, Ornith. — Le Guit-guit noir et bleu. Buffon, Ois. — *Certhia cyanea.* Linné, *Syst. nat.* Black and blue. Latham, Synop.

MONTBEILLARD a séparé par tribus le nombreux genre des Grimpereaux, d'après des différences tirées de leurs habitudes et de leur plumage. J'ai cru pouvoir m'y conformer, sur-tout après m'être assuré que les caractères tirés de la langue et du bec ne pouvaient convenir à tous [1]. Cet Auteur a eu raison de dire « qu'il ne doutait pas qu'avec le » temps on ne découvrît encore des différences plus considérables, soit » dans les qualités extérieures, soit dans les habitudes naturelles ». Car depuis lui, le genre de vie des Souï-mangas et des Guit-guits est mieux connu, sans cependant l'être assez, et leurs caractères physiques mieux observés.

Le bec des Guit-guits diffère de celui des Souï-mangas et de celui du Grimpereau proprement dit ; les mandibules ne sont point dentelées comme celles des premiers ; elles sont unies comme celles du second ; mais elles diffèrent spécialement des unes et des autres par une petite échancrure placée à l'extrémité de la mandibule supérieure. Qu'on ajoute

---

[1] Il suffit, pour s'en convaincre, de comparer les becs et les langues de ces oiseaux, figurés planche première, n°s 1, 2, 3, 4, 6, 7.

à ce caractère celui du plumage, on verra que les Guit-guits que je décris offrent des différences assez remarquables. Quoique la Nature leur ait refusé ces couleurs métalliques qui distinguent les Souï-mangas, ils n'en sont pas moins beaux ; des teintes mattes et brillantes, telles que le jaune-doré, l'aigue-marine, le bleu azuré, le noir velouté, composent leur parure. Les uns ont de l'analogie avec les Souï-mangas dans leurs habitudes et leur nourriture, les autres avec les Grimpereaux proprement dits ; plusieurs ne vivent que d'insectes ; d'autres y joignent le suc des fleurs. Ils se distinguent particulièrement des derniers, en ce qu'ils ne grimpent pas comme eux ; du moins ceux que j'ai observés n'ont pas cette habitude. Je présume qu'il en est de même pour les autres, puisqu'aucun Voyageur ni aucun Ornithologiste n'en ont parlé jusqu'à présent. La beauté de leur robe a attiré presque seule l'attention des hommes. Il faut espérer qu'enfin un Naturaliste zélé pour les progrès de l'Ornithologie observera leurs habitudes, étudiera leurs mœurs, et les surprendra dans leurs amours, afin de compléter leur histoire.

Le Guit-guit dont il s'agit se trouve au Brésil, à la Guiane et à Cayenne : quoiqu'il y soit commun, on n'en connaît que le physique. Les uns ont les pieds orangers ; d'autres les ont jaunes ; celui-ci les a noirs ; dans tous, les ongles sont de cette dernière teinte. Le dessus de la tête est d'une couleur d'aigue-marine ; les côtés, tout le dessous du corps, les moyennes couvertures des ailes, les supérieures de la queue, le bas du dos et le croupion sont d'un bleu d'outre-mer ; les plumes de la poitrine et du ventre sont de trois couleurs, brunes à la base, vertes dans le milieu, et bleues au sommet ; mais étant bien rangées, bien couchées les unes sur les autres, le bleu seul paraît. Un noir velouté enveloppe l'œil et couvre le reste du plumage, à l'exception des couvertures subalaires, le dessous et les bords intérieurs des pennes des ailes qui sont d'un beau jaune. Longueur totale, quatre pouces un tiers ; bec, huit lignes, noir, ainsi que les yeux ; langue terminée par plusieurs filets, selon Marcgrave. La femelle, dit Montbeillard, a les ailes doublées de gris jaunâtre.

Cet oiseau est dans la collection de Desray.

Le J.r G. G. en mue . Pl. 42.

LE JEUNE GUIT-GUIT EN MUE.

PLANCHE XLII.

Plumage varié de bleu, de vert, de roux et de blanchâtre ; ailes noirâtres, doublées
de jaune ; queue noire.

Grimpereau vert de Cayenne. Brisson, Ornith. — Guit-guit tacheté de Cayenne.
Buffon, Ois. — *Certhia cyana.* Linné, *Syst. nat.* — Cayenne creeper. Latham,
Synop.

Les jeunes Guit-guits ont un plumage si différent des vieux et si varié
pendant leur première mue, qu'il n'est pas étonnant que les Ornithologistes en aient fait plusieurs espèces et des variétés. Les Auteurs ci-dessus
cités ont désigné celui-ci par une dénomination particulière, et en font
une espèce dont ils ont signalé le mâle et la femelle[1]. Latham, Gmelin
et d'autres Ornithologistes plus modernes [2] en font encore de nouvelles
avec des oiseaux du même âge : sans doute parce que leurs couleurs,
quoique les mêmes, sont autrement distribuées.

Les jeunes diffèrent tellement des vieux, qu'on aurait peine à croire
que la Nature les ait ainsi diversifiés, si on ne connaissait d'autres oiseaux
qui présentent le même contraste. Le vert, le jaunâtre, le roux, le brun
et le blanc sale caractérisent le jeune âge ; le bleu et le noir sont les attributs d'un âge plus avancé. Il résulte du mélange de toutes ces couleurs,
pendant la première mue, une telle bigarrure que, parmi les jeunes, très-
peu même se ressemblent à cette époque, si le passage ne s'effectue en
même temps sur les mêmes parties. Au commencement de cette mue, le
bleu et le noir s'annoncent par des taches, rares et isolées : vers le milieu,
ces deux couleurs et les autres occupent chacune, ou ensemble, une
ou plusieurs parties du corps : à la fin, celles de l'enfance sont aussi
rares que celles des vieux au commencement. Qu'on ajoute à cela la tran-

[1] Je regarde ces deux oiseaux comme des jeunes de l'espèce précédente. Le mâle est dans sa première
mue, et commence à prendre les couleurs des vieux ; la femelle est un plus jeune oiseau qui est encore
sous la livrée du premier âge.

[2] Le Grimpereau à gorge bleue de Latham (Blue-throated creeper. Synop. *Certhia flavipes.* Gmelin,
Syst. nat.). L'Auteur anglais regarde encore comme variétés deux autres individus (Voyez *Suppl.
to Synop.* p. 128), et a donné comme espèce, dans son *Syst. ornith.*, celui de Sparman (*Certhia armil-
lata, Mus. carls. fasc.* 2, *tab.* 56), qui, comme les précédens, n'est qu'un jeune de la même race.

sition journalière, on jugera combien doivent être nombreuses les variétés que fait un pareil mélange pendant la mue. Il n'est donc pas surprenant que le Naturaliste erre, s'il ne peut comparer un grand nombre d'individus. Cependant il est des caractères communs au jeune en mue et au vieux, d'après lesquels on reconnaît qu'ils sont de la même espèce : les ailes sont dans l'un et l'autre doublées de jaune, et les nouvelles plumes de la poitrine et du ventre ont aussi les trois couleurs que j'ai désignées dans la description du précédent. En outre, dans les oiseaux, chaque espèce a ses rapports particuliers, une analogie naturelle qu'indiquent la grosseur, la taille, le port, un air de famille; cet ensemble enfin qui trompe rarement celui qui les a observés dans la nature.

Ce jeune Guit-guit a la tête, le cou, le dos, le dessous du corps, les couvertures des ailes et de la queue, mélangés de bleu, de vert et de roux-clair; l'aigue-marine se réunit à ces couleurs sur le sommet de la tête, et le blanc-sale sur ses côtés. Longueur totale, quatre pouces un tiers; bec, huit lignes, noir; pieds noirâtres.

Cet oiseau est de la collection de Dufrêne.

Le J.e Guit - Guit. Pl. 45.

LE JEUNE GUIT-GUIT.

PLANCHE XLIII.

Vert; petites couvertures des ailes d'un beau bleu.

Ce jeune Guit-guit diffère de celui que Brisson, Montbeillard et autres Naturalistes désignent pour la femelle du précédent, par la couleur noirâtre des ailes et de la queue, ainsi que par une plaque bleue sur les petites couvertures des premières : du reste, c'est le même plumage. Tous les deux me paraissent des jeunes du Guit-guit proprement dit, mais dans un âge plus ou moins avancé. Celui de Brisson serait, selon moi, le plus jeune, puisqu'il n'existe aucune nuance de bleu dans son plumage; celui-ci seroit au commencement de sa mue; ce qu'indique la couleur des couvertures des ailes : enfin le précédent serait le plus âgé; son plumage étant varié d'un plus grand nombre de taches noires et bleues [1]. Cet oiseau de la même taille a la gorge d'un blanc sale; la tête, le dessus et le dessous du corps verts : sur cette dernière partie, le vert est mélangé de traits blanchâtres; les ailes, la queue, le bec et les pieds sont noirâtres; un gris jaunâtre double les pennes des ailes.

Du Muséum d'Histoire Naturelle.

---

[1] J'ai comparé un grand nombre de ces oiseaux, dont quelques-uns étoient pareils à celui de Brisson : c'est d'après cette comparaison que je me suis convaincu que tous étoient des jeunes de la même espèce.

LE GUIT-GUIT NOIR ET BLEU, OU LE BICOLOR.

PLANCHE XLIV.

Noir et bleu.

Grimpereau bleu de Cayenne. Brisson, Ornith. — Variété du Guit-guit noir et bleu. Buffon, Ois. — *Certhia cœrulea. Syst. nat.* — Blue creeper. Latham, Synop.

Montbeillard a fait de ce Guit-guit une variété de l'espèce précédente. Il s'en rapproche, il est vrai, par sa robe noire et bleue, et par les plumes de la poitrine nuancées de même : mais il n'a pas sur la tête la teinte d'aigue-marine, ni les ailes doublées de jaune : en outre, sa queue est plus courte, et sa taille inférieure. Cette petitesse des pennes caudales et de la taille n'est point due, comme le pense ce Naturaliste, à la jeunesse ou à la mue, puisque ces pennes ont acquis leur longueur naturelle, et que l'oiseau est sous un plumage parfait; c'est de quoi je me suis assuré sur beaucoup d'individus : je ne balance donc pas à le donner pour une espèce particulière, tel que l'ont fait les autres Ornithologistes.

Ce Guit-guit met de l'art dans la construction de son nid; quoiqu'il n'emploie pour matériaux que des pailles grossières et des brins d'herbes fermes, il lui donne une forme ' qui met les petits et la mère à l'abri du grand nombre d'ennemis qu'ont, sous ces climats chauds, les petits volatiles. Le Brésil, Cayenne et la Guiane sont les contrées qu'il habite.

Deux couleurs seules parent le corps de cet oiseau : le noir règne sur l'espace qui est entre le bec et l'œil, les mandibules, la gorge, les ailes et les pennes de la queue : le bleu domine sur le reste du plumage, et prend sur quelques individus une nuance violette. Longueur totale, près de quatre pouces; bec, huit lignes; la couleur des pieds varie comme celle des précédens. Latham fait mention d'un individu qui a le bec et les pieds rouges (Suppl. to Synop.).

Cet oiseau est dans ma collection.

' Voyez le Discours préliminaire des Grimpereaux de cet ouvrage, pag. 7.

Le G.G. noir & bleu. Pl. 44

P. G. G. noir & bleu, f.lle Pl. 15

LE GUIT-GUIT NOIR ET BLEU, *Femelle.*

PLANCHE XLV.

Dessus du corps brun ; dessous gris jaunâtre et roussâtre.

COMME les couleurs du jeune âge indiquent ordinairement celles de la femelle, je conjecture que cet oiseau en est une, puisque son plumage a de l'analogie avec le suivant, qu'on ne peut méconnaître pour un jeune de l'espèce précédente.

Ce Guit-guit a le bec peu arqué, brun en dessus, jaunâtre en dessous ; la queue courte, d'un brun-clair ainsi que tout le dessus du corps ; un trait blanc sur les yeux ; la gorge et la poitrine d'un gris jaunâtre ; le bas-ventre et les couvertures inférieures de la queue roussâtres ; les pieds bruns. Longueur totale, trois pouces dix lignes ; bec, sept lignes.

Du Muséum d'Histoire Naturelle.

LE JEUNE GUIT-GUIT NOIR ET BLEU. [1]

PLANCHE XLVI.

Dessus du corps vert ; dessous varié de vert, de jaunâtre , de brun et de blanc sale.

Je rapporte à ce jeune Guit-guit le Grimpereau à joues jaunes de Latham (Yellow cheeked creeper. Synop. *Certhia ochrochlora.* Gmelin, *Syst. nat.*) , qui ne diffère que par quelques taches bleues sur la poitrine et les flancs : ces taches indiquent que l'oiseau commence à se parer des couleurs de l'âge avancé. Celui-ci en est privé. Tous les deux habitent le même pays.

Le dessus de la tête et du corps est vert, ainsi que les bords des pennes de la queue et des ailes, dont l'intérieur est gris-brun. Un jaune sale couvre la gorge; la poitrine, le ventre sont verts , jaunes et blanchâtres. Ces trois couleurs forment des lignes longitudinales, dont la dernière occupe le milieu. Longueur totale, trois pouces trois quarts; bec, huit lignes, noir; pieds bruns.

Du Muséum d'Histoire Naturelle.

---

[1] Ce Guit-guit est figuré dans l'édition *in*-12. de Buffon (tom. 10 des Oiseaux, pl. 6, pag. 230) sous le nom de Grimpereau de la Guiane : c'est en vain que j'y ai cherché la description.

Le p.t G. G. noir et bleu. Pl. 46.

Le Guit-Guit vert. Pl. 47.

LE GUIT-GUIT VERT.

PLANCHE XLVII.

Vert; tête noire; ailes et queue d'un brun foncé.

Le Grimpereau vert à tête noire du Brésil. Brisson, Ornith. — Le Guit-guit vert à tête noire; Variété 1ʳᵉ du Guit-guit vert et bleu à tête noire. Buffon, Ois. — *Certhia spiza.* Linné, *Syst. nat.* — Black-capped creeper, Var. A. Latham, Synop.

JE rapporte à ce Guit-guit le Grimpereau vert et bleu, à tête noire, décrit par tous les Auteurs comme l'espèce principale dont celui-ci n'est, selon eux, qu'une variété. Dans cette famille, la variété serait donc beaucoup plus nombreuse que l'espèce; car ce dernier est très-commun, et l'autre si rare, qu'il n'existe, à ce que je crois, avec sa couleur d'un bleu foncé, que dans l'ouvrage de Séba (tom. 2, pl. 3, fig. 4, pag. 5), d'après lequel on l'a décrit : on doit s'en méfier; car la plus grande partie de ses oiseaux est dessinée et coloriée sans aucune exactitude. Quoi qu'il en soit, ce Guit-guit, d'après le nom que je lui donne, ne doit pas être confondu avec le Guit-guit tout vert, dont je parlerai ci-après. Son bec est plus fort que celui des précédens, et a aussi la mandibule supérieure échancrée à son extrémité [1]. Sa couleur dominante se présente sous deux teintes : un vert-pomme brillant [2] pare le cou, le haut du dos, le menton et la gorge; un vert-bleu règne sur le reste du dos, le croupion, la poitrine, le ventre, et borde les pennes de la queue et des ailes; les couvertures inférieures de ces dernières sont d'un cendré brun. Longueur totale, cinq pouces et plus; bec, huit lignes, noir en dessus, blanchâtre en dessous; pied couleur de plomb foncé.

Cette espèce se trouve à Cayenne et au Brésil.

De la collection d'Audebert.

---

[1] Voyez planche première, fig. 5.

[2] Plusieurs perroquets sont de cette même couleur; mais elle n'est pas aussi brillante que celle de cet oiseau : la cause, selon Audebert, en est due à la conformation des plumes. (*Voyez* l'Introduction aux Colibris, tom. 1, pag. 8.)

LE GUIT-GUIT VERT, *Femelle.*

PLANCHE XLVIII.

Tête, dessus et dessous du corps verts.

Le Guit-guit tout vert, troisième Variété du Guit-guit vert et bleu à tête noire. Buffon, Ois. — *Certhia spiza,* Var. Gmelin, *Syst. nat.* — All green creeper, Var. C. Latham, Synop.

A PRÈS avoir comparé cet oiseau à celui figuré dans Edwards (pl. 348) et dans Buffon (pl. enl. 682, fig. 1), j'ai reconnu qu'il existait entr'eux des rapports si grands, qu'ils ne permettent pas de les séparer. Je présume que c'est la femelle du précédent qui n'est pas encore connue, ou un jeune oiseau de la même espèce, mais moins avancé en âge que le jeune mâle dont je parle ci-après. Cette femelle diffère du mâle, en ce que la tête n'est pas noire, et que ses couleurs sont plus ternes. Le vert est généralement répandu sur son plumage, mais il diffère dans ses nuances; il est plus tendre sur les parties inférieures que sur les supérieures, et prend une teinte jaune sur le menton et la gorge; les pennes primaires sont brunes à leur extrémité, bordées de vert à l'extérieur, et grises en dessous; les intermédiaires de la queue sont pareilles au dos, et les latérales aux primaires. Longueur totale, cinq pouces; bec, huit lignes, de couleur de corne, mais plus foncée en dessus; pieds bruns.

De la collection de Dufrène.

Le G. G. vert, f.te Pl. 48

Le J.ᵉ G. G. vert. Pl. 19.

LE JEUNE GUIT-GUIT VERT.

PLANCHE XLIX.

Vert tendre sur les parties supérieures ; vert-jaunâtre sur les inférieures ; front noir.

QUELQUES taches noires sous les yeux , et un bandeau étroit de la même couleur sur le front ; plusieurs marques d'un vert-pomme , éparses sur diverses parties du corps ; des plumes naissantes , caractérisées comme celles de l'âge avancé , ne permettent pas de douter que cet oiseau ne soit un jeune mâle de l'espèce précédente , à l'époque de sa première mue.

Un vert jaune colore la gorge , la poitrine , le ventre , et s'éclaircit sur le bas-ventre : un vert tendre couvre la tête, le cou, le dos , le croupion et les pennes intermédiaires de la queue ; cette même teinte borde seulement les autres et les pennes alaires. La taille , le bec et les pieds sont pareils à ceux du précédent.

De la collection de Gigot d'Orcy.

LE GUIT-GUIT A TÊTE GRISE.

PLANCHE L.

Dessus du corps vert olive ; dessous jaune ; front et joues noirs.

LE pays qu'habite cet oiseau , sa taille , son bec, son front noir , paraissent par leur conformité avec ceux des précédens le rapprocher de leur espèce : mais ce sont les seuls rapports qui existent entre eux. Le noir est autrement distribué sur la tête ; il entoure le front, enveloppe les yeux et couvre les joues ; le reste du plumage est différent. Le gris domine sur la tête ; une belle couleur vert-olive s'étend sur le cou, le dos, le croupion, la queue, et borde les pennes des ailes dont l'extrémité est brune ; un jaune vif règne sur la gorge, la poitrine et le ventre ; la queue est un peu arrondie à son extrémité ; les pieds sont d'un brun clair.

Cette espèce se trouve à Cayenne.

De la collection de Dufrêne.

Le G. G. à tête grise. Pl. 3o

Le Sucrier. Pl. 51.

LE GUIT-GUIT SUCRIER.

PLANCHE LI.

Gorge grise; ventre jaune; ailes et queue noirâtres.

Le Grimpereau de la Jamaïque, de la Martinique, de Bahama. Brisson, Ornith. et
Suppl. — Le Sucrier. Buffon, Ois. — *Certhia flaveola, Bahamensis, Var. B.*
Linné, *Syst. nat.* — Black and Yellow; Yellow bellied, Var. A.; Bahama creeper,
Var. B. Latham, Synop.

Cette espèce répandue dans les Antilles, se trouve aussi à Cayenne;
mais ses couleurs ne se présentent pas sur tous les individus avec les mêmes
nuances, si l'on en juge d'après les figures enluminées qu'en ont données
divers Ornithologistes. Celui-ci qui habite les îles de Porto-Rico et de Saint-
Domingue, ne me paraît pas autre que les Sucriers de la Martinique et de
Cayenne décrits et figurés dans Brisson et Buffon; mais il diffère de ceux
de la Jamaïque et de Saint-Barthelemi. J'ai eu occasion d'observer cette
espèce à Saint-Domingue; j'en ai vu plusieurs que Maugé a rapportés
de Porto-Rico, et je n'ai pas trouvé d'autres différences dans les sexes
que celles dont je ferai mention ci-après. Cependant celui que je désigne
comme mâle est une femelle, selon plusieurs Auteurs [1]. Ce Guit-guit

---

[1] Le Sucrier de la Jamaïque qu'on donne pour le mâle, est différent de celui-ci, en ce que le dessus du
corps est noir ainsi que la gorge. (*Voy.* Edwards, pl. 122.) Quant à l'autre du même Auteur (pl. 322,
fig. 3) qu'on regarde comme une femelle, il n'en diffère que par la couleur de la gorge qui est d'un
blanc jaunâtre. Celui de Saint-Barthelemi (*Certhia barthelemica.* Sparman. *Mus. carls. fasc.* 3, *t.* 57)
est dissemblable par le dessus du corps qui est d'un brun plombé, les sourcils, la gorge et le bout
de la queue qui sont d'un beau jaune. Quant à celui de Bahama que nous a fait connaître
Catesby (Bahama titmouse carl. 1, p. 59), il différerait beaucoup de tous ces Sucriers, si réellement sa longueur était de quatre pouces huit lignes, et si le bas-ventre était brun, comme le
disent les Ornithologistes qui l'ont décrit d'après une figure enluminée. Mais je ne suis pas d'accord
avec eux sur cette longueur et cette couleur. J'ai mesuré cette figure : elle n'a de longueur que quatre
pouces environ, et le bas-ventre n'est point brun, mais d'un jaune sale. Il est vrai que cette partie
étant ombrée, elle prend une teinte brune. De plus, quoique Catesby trouve que cet oiseau a la
queue longue, je crois qu'elle l'est encore plus dans la figure que dans la nature. J'en juge par l'arrangement qu'on donne aux pennes : chaque paire est étagée, et chaque étage assez distant l'un de
l'autre. Au contraire, la paire extérieure seule doit être un peu plus courte que les autres qui sont
toutes d'égale longueur. Au reste, je prouverai dans mon Histoire des Oiseaux de l'Amérique septentrionale, que le plus grand nombre des oiseaux figurés dans cet ouvrage est d'une telle défectuosité,
qu'il n'est pas étonnant qu'ils aient induit en erreur les Ornithologistes; mais cet Auteur vivait dans
un temps où l'on n'exigeait pas, comme à présent, dans les caractères et les couleurs, l'exactitude si
nécessaire en histoire naturelle.

porte à Cayenne, selon Montbeillard, le nom de *Sicouri*, et dans divers cantons de Saint-Domingue celui de Chardonneret. Les habitans l'ont appelé ainsi, sans doute d'après quelques rapports dans son chant avec celui de cet oiseau; mais à cet égard il se rapprocherait davantage, selon moi, de notre Fauvette d'hiver (*Motacilla modularis*). Lorsque ce Sucrier fait entendre son ramage, il se tient souvent immobile sur une branche, et répète, pendant une heure entière, une phrase assez monotone, mais qui n'est pas sans agrémens. Son cri peut s'exprimer par deux syllabes, *zi, zi,* prononcées d'un ton aigu et faible. Cet oiseau qui n'a pas l'habitude de grimper, mais qui s'accroche au bout des branches, comme font les Mésanges, se nourrit d'insectes et du miel des fleurs qu'il pompe de même que les Colibris : selon les Créoles, il suce aussi les cannes de sucre en introduisant sa langue dans les gerçures.

Le temps des amours, qui force l'oiseau vivant absolument seul, de quitter sa solitude pour se rapprocher d'une compagne, est aussi celui où un grand nombre d'espèces n'affecte qu'un seul canton. Tel est ce Guit-guit : lorsqu'il s'est apparié, il s'en approprie un où il ne souffre pas d'autres Sucriers. Si plusieurs se bornent à un petit arrondissement, c'est qu'ils ont choisi le plus abondant en fleurs et en insectes; mais tous préfèrent ceux qu'arrosent des ruisseaux ombragés de lianes qui, dans ces contrées, s'élèvent, en rampant, à la cime des arbres les plus hauts. C'est à l'extrémité de leurs rameaux que l'oiseau suspend son nid; il sait les rapprocher, et quoiqu'avec de faibles liens, les contenir avec force. Ce n'est pas encore assez pour mettre sa nouvelle famille à l'abri des rats, des lézards et des serpens; il choisit les branches les plus flexibles, et surtout celles qui descendent vers le milieu du ruisseau. L'industrieuse construction du nid est le travail de la femelle. Le mâle se contente de l'accompagner dans les nombreuses courses que cette occupation nécessite; elle attache ce léger berceau par le sommet, et lui donne la forme d'un œuf d'autruche : la mousse, des brins d'herbe sèche, le coton et le duvet des plantes, sont les matériaux qu'elle emploie; les premiers pour le dehors, et les autres pour l'intérieur. Le tout est si artistement lié, qu'on le mettrait en pièces si on voulait le retirer, sans couper les lianes. L'entrée est en dessous, à la partie du nid qui fait face à l'eau. Une cloison le divise intérieurement en deux pièces : la première qui sert d'entrée à l'oiseau est une espèce d'escalier qui monte presque jusqu'en haut, et communique avec la seconde, dont le fond est au niveau de l'ouverture extérieure. C'est dans cette division que la femelle dépose ses œufs. Cette disposition garantit la couvée de ses ennemis, mais expose la couveuse à un autre danger : si le mâle est absent, comme elle ne peut voir ce qui se passe au-dehors, on l'emprisonne aisément en fermant l'entrée ; mais on la surprend difficilement, s'il est dans les environs ; car dès que le moindre objet l'inquiète, il l'avertit aussi-tôt par un cri particulier.

Le Sucrier mâle a la tête, le dessus du cou, le dos d'un brun noirâtre ; le croupion d'un jaune verdâtre ; une bande blanche prend naissance sur le front, passe au-dessus des yeux, et se perd à l'origine du cou ; un beau jaune borde les ailes vers leur pli, couvre la poitrine, le ventre, et s'éclaircit sur les parties postérieures ; le blanc borde les pennes primaires vers le milieu des barbes extérieures, et termine les deux plumes latérales de chaque côté de la queue. Longueur totale, trois pouces deux tiers ; bec, cinq lignes, noir, ainsi que les pieds ; langue ciliée à son extrémité. Dans la femelle, les parties supérieures sont d'un cendré brun ; le croupion n'a de jaune que sur sa partie inférieure et le dessous du corps est d'un jaune pâle.

Cet oiseau est dans la collection de Desray.

N'ayant pu nous procurer en nature les Guit-guits suivans, nous nous bornerons à les décrire d'après les Auteurs.

Le G u i t - g u i t r o u g e, *Certhia mexicana* (*Seba, Thes. t.* 1, *pag.* 78, *pl.* 47, *fig.* 6.), habite au Mexique, et a, dit-on, un chant fort agréable. Le dessus de la tête est d'un rouge-clair brillant ; la gorge et la partie inférieure du cou sont vertes ; le reste du corps, la queue, les ailes d'un rouge foncé, et les pennes des dernières terminées de bleu ; le bec et les pieds sont d'un jaune clair ; longueur totale, quatre pouces et demi ; bec, dix lignes.

Le G u i t - g u i t a t ê t e n o i r e, *Certhia mexicana* (*Seba, Thes. pag.* 74, *pl.* 70, *fig.* 8.), habite la Nouvelle-Espagne. Montbeillard en fait une variété du précédent. Il a la tête d'un beau noir ; les couvertures du dessus des ailes d'une belle couleur d'or ; le reste du corps d'un rouge clair, plus foncé sur les ailes et la queue. Longueur totale, quatre pouces ; bec, sept lignes.

Le G u i t - g u i t v e r t e t b l e u a g o r g e b l a n c h e, *Certhia spiza, var.* Cet oiseau décrit par les Ornithologistes, d'après Edwards (*pl.* 25, *fig. inf.*), me paraît être le même oiseau que le Pipit vert (*Motacilla cyanocephala.* Gmelin, *Syst. nat.*). Il habite le Brésil. Le dessus de la tête et les petites couvertures des ailes sont bleus ; le menton est blanc ; le reste du corps d'un vert jaunâtre ; les pennes primaires sont d'un brun obscur ; les pieds jaunâtres ; le bec est blanchâtre en dessus, et cendré foncé en dessous.

Le Guit-guit varié, *Certhia variegata* (*Seba* 2, *pag.* 5, *tab.* 5, *fig.* 5.), est à-peu-près de la taille du précédent, et habite, dit-on, l'Amérique. Le sommet de la tête est rouge; les joues sont bleues et blanches; l'occiput est d'un beau bleu; le dessus du corps varié de cette couleur, de noirâtre, de blanc et de jaune : deux nuances de cette dernière teinte couvrent le dessous du corps; bec, neuf lignes.

Le Guit-guit colibri, *Certhia trochilea.* (*Sparman*, *Mus. carls. tab.* 80.). Ce Naturaliste dit que cet oiseau vient de l'Amérique; mais il ne sait si c'est de la partie méridionale ou septentrionale. Longueur totale, deux pouces trois quarts; bec, quatre lignes, brun en dessus, jaunâtre en dessous; parties supérieures du corps d'un olive-verdâtre sale; gorge, devant du cou, poitrine, abdomen d'un blanc jaunâtre sale; couvertures des ailes d'un vert pâle; plumes primaires fuligineuses; pieds d'un brun pâle; queue noire.

Le Guit-guit a gorge bleue, *Certhia gularis* (*Sparman*, *ibid. tab.* 79.), a la gorge, le dessus du cou et le haut de la poitrine bleus; le ventre jaune; une ligne de cette couleur au-dessus des yeux, partant des coins du bec, et s'étendant sur les côtés du cou; les couvertures subalaires d'un jaune pâle; les ailes fuligineuses; la queue noire; les deux pennes latérales plus courtes que les autres, et blanches depuis le milieu jusqu'à l'extrémité. Longueur totale, trois pouces trois quarts; bec, sept à huit lignes, noir.

Sparman dit que cette espèce se trouve à la Martinique.

Le Guit-guit pourpré, *Certhia purpurea* (*Seba*, *Th. t.* 1, *p.* 116, *tab.* 72, *fig.* 7.), se trouve, dit Séba, dans la Virginie, et chante agréablement. Tout son plumage est d'un pourpre obscur. Longueur totale, quatre pouces et demi; bec, plus de douze lignes.

Le Guit-guit fauve, *Trochilus fulvus*. Ce Colibri de Gmelin ayant douze pennes à la queue, ne peut être qu'un Grimpereau, et un Guit-guit, dès qu'il habite, comme le dit ce méthodiste, l'Amérique méridionale. Sa grosseur est celle du Pinson, et sa longueur passe cinq pouces. Il est de couleur fauve; les ailes sont noires et brunâtres en dessous; la queue est pareille et longue de deux pouces : le bec et les pieds sont de couleur de corne.

FIN DES GRIMPEREAUX GUIT-GUITS.

L'Héorotaire. Pl.

HISTOIRE NATURELLE

DES

GRIMPEREAUX HÉORO-TAIRES.

L'HÉORO-TAIRE.

PLANCHE LII.

Rouge; bec très-courbé; occiput couleur de buffle.

Hook-billed red creeper. Latham, Synop. — *Certhia coccinea.* Gmelin, *Syst. nat.*

L ES oiseaux qui composent le genre des Grimpereaux, ont, il est vrai,
au premier apperçu, de l'analogie entre eux; mais, vus avec attention,
examinés en détail, et observés dans leurs mœurs, on découvre des différences physiques et habituelles suffisantes pour les diviser en plusieurs
branches. C'est pourquoi j'ai fait une nouvelle tribu de ceux qui habitent
les Terres australes et les îles de la mer Pacifique. Nous avons vû ce qui
distinguait les deux premières. Les Héréo-taires ont beaucoup de rapports avec les Guit-guits, par les habitudes, la nourriture, les couleurs
et la langue; mais ils diffèrent par la forme du bec qui n'est nullement
échancré, et dans plusieurs, extrêmement long et courbé. On ne peut les
réunir aux Souï-mangas, si on n'est guidé que par le physique; car le
plumage n'a ni couleurs, ni reflets métalliques, et le bec n'est nullement
dentelé : ses bords sont unis; ce qui paraîtrait les rapprocher du Grimpereau proprement dit : mais leurs habitudes ne sont plus les mêmes,
puisqu'ils ne grimpent point : du moins, jusqu'à présent, on ne leur connaît point cette faculté. De plus leur langue est aussi autrement conformée : cependant s'il fallait les réunir à une de ces tribus, ce serait avec
les Guit-guits, dont l'analogie est presque complète. C'est pourquoi je
les ai placés immédiatement après.

Cette première espèce fut trouvée par des Navigateurs anglais dans
l'île d'*Atooi,* où elle porte le nom d'Héoro-taire; mais, depuis eux,

on a découvert qu'elle est commune dans toutes les îles *Sandwich* : ou plutôt on y trouve sa dépouille en très - grande abondance ; car aucun Voyageur ne l'y a vue vivante. On donne, dans ces îles , à cet Héoro-taire dont le plumage varie dans sa jeunesse, le nom d'*Eec-eve* [1]. Ses plumes d'un beau rouge sont recherchées par les habitans, qui les entre-mêlent avec d'autres pour s'en faire une parure.

Cet oiseau a le bec long de onze lignes , très-courbé et blanchâtre ; l'oc-ciput, le haut du cou d'une couleur de buffle [2] ; un beau rouge carmin domine sur la tête, le dos , la gorge, la poitrine et le ventre ; un noir foncé couvre les ailes et la queue ; les plumes de la gorge sont blanches à leur origine ; sur les couvertures des ailes les plus proches du corps , on remar-que une tache colorée de même ; les pieds sont pareils au bec. Grosseur du Moineau ; longueur totale , cinq pouces deux lignes. (Telle est la taille de l'individu que nous avons fait dessiner. Latham lui donne six pouces anglais.)

Cet oiseau est dans le muséum de M. *Parkinson*, et a été dessiné à Londres par M. *Syd. Edwards*.

---

[1] Voyez *Cooks last Voyag.* 2, *pag.* 207 , 227 , *tom.* 3, *pag.* 119 *and Append.*

[2] Selon Latham , cette couleur plus ou moins étendue sur la tête, le cou, et mêlée de noirâtre indique un jeune oiseau ; dans l'âge avancé , ces parties sont totalement rouges.

L'e Akaie-aroa. Pl. 55

L'AKAIEAROA.

PLANCHE LIII.

Vert; bec très-courbé; mandibule inférieure plus courte que la supérieure.

Hook-billed green creeper. Latham, Synop. — *Certhia obscura.* Gmelin, *Syst. nat.*

LE nom d'*Akaiearoa* est celui que porte cet oiseau à *Owhyhee*, une des îles Sandwich [1]. Les habitans lui font la chasse pour se parer de sa dépouille; mais ils recherchent avec beaucoup plus d'avidité celle du précédent, dont la couleur est d'un tel prix à leurs yeux, qu'elle est l'attribut du rang le plus élevé : aussi dans les jours d'appareil, distingue-t-on leurs chefs par leur manteau tissu de plumes rouges de l'Héoro-taire, et bordé des jaunes et noires du Guêpier *Moho*. Les femmes riches portent aussi un ajustement composé de ces diverses plumes. Cet ornement qu'elles nomment *eraie*, a la forme d'une fraise ou d'une palatine, dont la tissure est si serrée et faite avec tant d'art, qu'elle a la douceur et l'apparence du velours.

Ce Grimpereau a les mandibules recourbées en demi-cercle, la supérieure plus longue de trois lignes que l'inférieure; les narines recouvertes en entier par une membrane; on remarque une tache brune entre le bec et les yeux; le vert-olive est répandu généralement sur tout le corps, mais il est plus pâle, et prend une teinte jaune sur les parties inférieures; les ailes, la queue sont noirâtres et bordées du même vert. Grosseur du précédent; longueur totale, cinq pouces deux tiers [2]; bec, dix-huit lignes, brun ainsi que les pieds; ongle postérieur très-long.

Cet individu est dans le muséum de M. Parkinson, connu sous le nom de *Leverian museum*, et a été dessiné par Syd. Edwards.

---

[1] Dernier Voy. de Cook, vol. 5.

[2] M. Latham donne au sien sept pouces anglais de longueur : ce qui fait à-peu-près un pouce de plus que n'a celui-ci. Du reste ils sont pareils.

L'HÉORO-TAIRE SCARLATE.

PLANCHE LIV.

Rouge; bas-ventre blanc; ailes et queue noires.

Scarlat creeper. Latham, Synop. — *Certhia rubra.* Gmelin, *Syst. nat.*

C ET Héoro-taire peut être aisément confondu, comme je l'ai déjà dit, avec les petits Souï-mangas (pl. 35 et 36) : c'est pourquoi le rapprochement de ces oiseaux en nature, ou du moins figurés, est d'autant plus nécessaire pour en saisir la différence, que la description même la plus exacte peut donner lieu à des méprises. Divers Ornithologistes lui trouvent encore des rapports avec d'autres [1] ; mais sa taille, la longueur du bec, les couleurs principales, leur distribution, tout son ensemble enfin, ont beaucoup plus d'analogie avec ceux-ci. Cependant, lorsqu'on s'attache aux détails, on s'apperçoit que le Scarlate a la tête plus grosse, le bec plus mince, et les petites couvertures des ailes privées de bleu. Latham, qui le premier l'a décrit, dit qu'il habite les îles de la mer du Sud.

Une belle écarlate règne sur la tête, le dessus du corps, la gorge, la poitrine et le haut du ventre; le bas et les couvertures inférieures de la queue sont blancs. Longueur totale, trois pouces deux lignes [2] ; bec, cinq lignes, noir, très-peu courbé; pieds et ongles noirâtres.

Du muséum de M. Parkinson, dessiné à Londres par Syd. Edwards.

---

[1] D'après la question que fait Gmelin, si la couleur blanche du bas-ventre de cet oiseau est suffisante pour le distinguer du *Certhia coccinea* (l'Héoro-taire de cet ouvrage), on doit présumer que ce Naturaliste a décrit l'un et l'autre sans les avoir vus en nature. Néanmoins s'il eût copié exactement Latham, qui lui a servi de guide dans leurs descriptions, il se serait apperçu qu'il existe encore des différences plus marquantes entre ces deux individus, puisque le Scarlate est plus petit au moins de deux pouces, a le bec plus court de six lignes, et très-peu arqué.

[2] M. Latham donne au sien près de quatre pouces anglais; ce qui fait environ huit lignes de plus que celui-ci. Je ne sais d'où peut provenir cette différence, tant dans la longueur de cet oiseau, que dans celle des deux précédens; puisque nous les avons fait dessiner d'après nature dans le Muséum qu'il indique. Nous sommes sûr de l'exactitude des dessins de M. *Edwards* dans les couleurs, les proportions et généralement toutes les dimensions : et nous sommes d'autant plus fondé à l'assurer, que son travail est surveillé avec l'attention la plus scrupuleuse par M. *Parkinson* lui-même et le Docteur *Shaw*, savant Naturaliste anglais.

Scarlate. Pl. 54.

L'Heoro-taire noir et blanc. Pl. 55.

L'HÉORO-TAIRE NOIR ET BLANC.

PLANCHE LV.

Dessus du corps cendré; ailes, queue noirâtres, et bordées de jaune à l'extérieur.

Quoique cet oiseau ait quelqu'analogie avec le Grimpereau figuré et décrit dans le Voyage à la Nouvelle-Galle, par *John White*, il me semble, d'après sa taille et la disposition de ses couleurs principales, appartenir à une autre espèce qui se trouve aussi à la Nouvelle-Hollande. Cet Héoro-taire a le front d'un brun noirâtre; une tache blanche sur les yeux; la tête, le dessus du cou, le dos et le croupion d'un gris cendré. Le noir couvre les couvertures des ailes, et prend, sur les côtés de la gorge, la forme d'une bande demi-circulaire. Cette bande est bordée de blanc. Le devant du cou, le milieu de la poitrine et du ventre sont de cette dernière couleur, et les côtés gris. Un beau jaune colore les barbes extérieures des pennes *alaires*, à l'exception des deux premières qui, de leur origine jusqu'aux deux tiers de leur longueur, sont totalement brunes; l'autre tiers est bordé de gris; la première penne étant très-courte, la seconde un peu moins que celle qui la suit, les deux du milieu les plus longues, et les autres diminuant de longueur à mesure qu'elles approchent du corps, il en résulte que l'aile paraît arrondie, lorsqu'elle est étendue. Les deux pennes latérales de la queue sont terminées de blanc à l'intérieur; toutes les caudales ont l'extrémité comme tronquée d'un côté, et terminée en pointe de l'autre. (*Voyez* pl. 1ère, fig. 13.) Grosseur du Rossignol; longueur totale, près de six pouces; bec, noir, neuf lignes; narines, oblongues, recouvertes d'une membrane; langue, divisée presque jusqu'à moitié; chaque division, ciliée à l'extrémité (Ibid. fig. 1.); queue un peu arrondie.

Du Muséum d'Histoire Naturelle.

L'HÉORO-TAIRE A COLLIER BLANC.

PLANCHE LVI.

Dessus du corps carmélite; tête, ailes et queue noires.

CETTE nouvelle espèce se trouve aux Terres australes; mais j'ignore dans quelle partie. Le bec est séparé des yeux par un trait blanc : cette couleur couvre les joues, les oreilles, les couvertures subalaires, et forme un demi-collier sur le devant du cou; une teinte carmélite colore le menton, et se rembrunit sur le dos; le croupion est d'un brun verdâtre; la poitrine, le ventre et les couvertures inférieures de la queue sont d'un brun jaunâtre; les deux pennes latérales blanches, du milieu jusqu'à l'extrémité. Longueur totale, quatre pouces et demi; bec, noir, neuf lignes; pieds, noirâtres; langue, terminée en pinceau. (*Voyez* Planche 1ère, fig. 7.)

De la collection de Dufrêne.

Le G.M. à collier blanc. Pl. 56

_ L'héoro-taire tacheté. Pl. 57.

L'HÉORO-TAIRE TACHETÉ.

PLANCHE LVII.

Raies blanches sur les côtés de la tête; corps tacheté; pennes des ailes et de la queue d'un brun très-foncé, et bordées de jaune.

Nous devons la première description de cet oiseau à *John White*, qui se l'est procuré à la Nouvelle-Hollande. (*Voyez* son Voyage à la Nouvelle - Galle.) On pourrait d'abord le confondre avec l'Héoro - taire (pl. 55); car il existe de l'analogie entr'eux. Les barbes extérieures des pennes *alaires* et caudales sont, dans l'un et l'autre, longues, bordées et conformées de même; mais ils diffèrent dans la taille, la forme du bec, les teintes et leurs dispositions sur quelques parties du corps.

Le noir qui domine sur la tête et le menton de ce Grimpereau est faiblement mélangé de blanc vers le front, et coupé par une raie longitudinale de cette dernière couleur, prenant naissance un peu au-dessus de l'œil, et se terminant à l'occiput : une seconde, part de la base de la mandibule inférieure, et s'étend sur les côtés du menton; le blanc borde aussi les pennes primaires, dans la partie qui n'est pas bordée de jaune, et deux des pennes secondaires : enfin, il couvre la gorge, la poitrine, le ventre, et les couvertures inférieures de la queue : sur les deux premières parties, il est tacheté longitudinalement de brun foncé, et de gris sur les autres; le milieu des plumes, du dos, et du croupion est brun, les bords sont jaunâtres. Longueur totale, sept pouces; bec, noirâtre, onze lignes; narines, longues, recouvertes par une membrane; ailes, dépassant peu l'origine de la queue; pieds et ongles, bruns.

Cet oiseau est dans la collection du naturaliste Daudin.

LE KUYAMETA.

PLANCHE LVIII.

Rouge ; ailes et queue noires.

Cardinal creeper. Latham, Synop. — *Certhia cardinalis.* Gmelin. *Syst. nat.*

J'ai désigné cette espèce par le nom de *Kuyameta* qu'elle porte dans son pays natal : cette dénomination locale lui convient mieux, ce me semble, que celle de *Cardinal,* qu'on lui a donnée d'après la couleur de son plumage. Comme le rouge domine aussi sur celui de plusieurs de ses congénères, on pourrait, d'après ce signalement, aisément les confondre. De plus une pareille désignation ayant déjà été donnée à plusieurs autres oiseaux, je pense qu'en Histoire naturelle, il faut éviter les mêmes, autant qu'on le peut, puisqu'elles ne font qu'embrouiller la nomenclature. Cet Héoro-taire se trouve à la Nouvelle-Hollande, et dans l'île de *Tanna,* où l'espèce n'est pas rare. Son genre de vie et ses alimens sont les mêmes que ceux des Oiseaux-Mouches. Comme eux, il vit du miel des fleurs; comme eux, il recherche les endroits cultivés, où l'attire une nourriture plus abondante.

Une belle écarlate est généralement répandue sur le corps de cet oiseau, à l'exception des ailes et de la queue qui sont d'un noir foncé : on remarque aussi un trait de cette couleur qui part des coins de la bouche et entoure l'œil. Longueur totale, trois pouces et demi environ; bec, huit lignes, noir, et peu courbé; langue, extensible, ciliée dans la moitié de sa longueur; pieds, couleur de plomb; ongles, noirs.

Le Grimpereau Cardinal de Latham est de la même espèce; mais il diffère de celui-ci par la teinte noire du ventre, des côtés du dos et du croupion.

Cet oiseau fait partie de la collection de M. Parkinson (Leverian Museum). Il a été dessiné à Londres par Syd. Edwards.

Le Kuyameta. Pl. 58

L'Héoro-taure moucheté. Pl. 36.

L'HÉORO-TAIRE MOUCHETÉ.

PLANCHE LIX.

Dessus de la tête noir; dessous du corps, croupion d'un gris-blanc; croissant sur le milieu du dos.

Black capped. Parkinson. — *Certhia guttata.*

Cet Héoro-taire nous a été communiqué par M. Parkinson. Si nous avons l'avantage de faire connaître cette nouvelle famille de Grimpereaux, nous le devons au zèle de cet amateur, qui, par des recherches multipliées, a découvert, dans divers Muséum d'Angleterre, les espèces rares ou nouvelles qui complètent cet Ouvrage. Les amateurs doivent lui en savoir d'autant plus de gré, que, parmi ces espèces, un grand nombre n'était pas connu : quelques-unes seulement étaient décrites.

L'Héoro-taire moucheté, un peu plus grand que le précédent, a le bec long d'environ sept lignes, noir, ainsi que la tête, dont les plumes longues forment une espèce de huppe que l'oiseau peut relever à volonté. On remarque, sur le milieu du dos, une tache noire en forme de croissant, dont la convexité tournée vers le croupion, est bordée de blanc; un gris clair teint les couvertures des ailes, le bas du dos, le croupion, tout le dessous du corps, borde les pennes alaires, et est, sur diverses parties, mélangé de taches noirâtres plus ou moins grandes; le dessus du cou, le dos, sont couleur marron-clair; la queue est noire et arrondie à son extrémité; pieds, bruns. Cette espèce habite la Nouvelle-Hollande.

Du Muséum Leverian appartenant à M. Parkinson, et dessiné à Londres par Syd. Edwards.

LE CAP-NOIR.

PLANCHE LX.

Gorge et croupion blancs; dos vert; pennes des ailes et dessus des caudales noirs.

Certhia cucullata. Shaw.

Le noir foncé couvre la tête de cet Héoro-taire, et descend en forme de bandelette sur le jaune-clair qui teint les côtés du cou, ainsi que le menton. Ce dernier est séparé de la gorge par une tache transversale d'un brun roussâtre; une couleur de souci règne sur la poitrine et les parties subséquentes; les couvertures des ailes et le bas du dos sont d'un gris bleuâtre; le dessous des pennes caudales est blanc. Longueur totale, cinq pouces trois quarts; bec, quinze lignes, jaune à l'intérieur, noir à l'extérieur, peu courbé, finissant en pointe très-aiguë; langue, extensible, ciliée à son extrémité; pieds, brun-clair; ongles, noirs.

Cette nouvelle espèce se trouve à la Nouvelle-Hollande, et nous a été communiquée par M. Parkinson. Le dessin, fait d'après l'oiseau vivant, est dans la collection du Docteur Shaw.

Le Cap noir. Pl. 60

Le Fuscalbin. n. 68.

LE FUSCALBIN.

PLANCHE LXI.

Cercle rouge autour des yeux; dessus du corps brun; dessous blanc.

Certhia lunata. Shaw.

Ce Grimpereau qui habite le même pays que les deux précédens, a les yeux entourés de plumes rouges; la tête et le dessus du cou noirs: cette couleur est coupée vers l'occiput par une bande transversale blanche. Le dos, le croupion, les ailes et la queue sont bruns, mais la teinte est claire sur les deux premières parties, et foncée sur les autres; le dessous des pennes caudales est d'un gris bleuâtre. Longueur totale, cinq pouces un quart; bec, cinq lignes, noir; langue, extensible, ciliée à son extrémité; pieds, d'un brun-clair; ongles, noirs.

Cette nouvelle espèce nous a été communiquée par M. Parkinson. Le dessin, fait d'après l'oiseau vivant, est dans la collection du docteur Shaw.

LE CINNAMON.

PLANCHE LXII.

Dessus du corps de couleur de cannelle; dessous blanc; queue pointue.

Cinnamon creeper. Latham, Synop. — *Certhia cinnamomea.* Gmelin, *Syst. nat.*

Cet oiseau a cinq pouces de longueur depuis l'extrémité du bec jusqu'au bout de la queue : le bec est un peu courbé, noir, et long d'environ neuf lignes ; une couleur de cannelle couvre la tête, le dessus du cou, le dos, le croupion, les pennes caudales et alaires. On remarque à l'extrémité de ces dernières une tache oblongue d'une teinte plus foncée ; les ailes sont courtes et s'arrondissent lorsqu'elles sont étendues ; la queue a la forme de celle du Grimpereau Européen : néanmoins elle en diffère, en ce que les tiges de chaque penne finissent en pointe très-aiguë, et sont privées de barbes à deux lignes environ de leur extrémité. Pieds d'un brun obscur.

Cet oiseau nous a été communiqué par M. Parkinson, qui l'a fait dessiner dans le Muséum Britannique.

Le Cinnamon. Pl. 62.

Le Kôho. Pl. 65

LE HOHO.

PLANCHE LXIII.

Noir ; croupion jaune ; couvertures inférieures des ailes blanches et jaunes.

Great Hook-billed creeper. Latham, Synop. — *Certhia pacifica.* Gmelin, *Syst. nat.*

J'AI conservé, par abréviation, le nom de *Hoohoo* [1] que porte cette belle espèce à *Owhihee*, une des îles des Amis. Le noir couvre la tête, le cou, le haut du dos, les ailes et la queue ; les primaires sont bordées de blanc à l'extérieur ; un beau jaune colore le croupion, le ventre, les couvertures supérieures et inférieures de la queue, le dessous du pli de l'aile et quelques plumes sous-alaires. Cette même teinte se remarque encore sur le bord extérieur du fouet de l'aile, mais mélangée de blanc ; le dessous du corps jusqu'au ventre est d'un brun noirâtre. Longueur totale, huit pouces ; grosseur de l'Etourneau ; bec, vingt-deux lignes, gros, très-courbé, noir ; narines, très-petites, ouvertes ; plumes du menton, effilées, et se courbant vers la mandibule inférieure ; pieds, noirâtres, grands ; doigts, gros, couverts d'écailles raboteuses et larges ; ongles, très-crochus, forts, et noirs.

Cet individu nous a été communiqué par M. Parkinson. Il fait partie de sa collection, et a été dessiné par Syd. Edwards.

----

[1] *Voyez* Cooks last Voy. 3, p. 119.

LE NEGHOBARRA.

PLANCHE LXIV.

Vert-olive ; ailes et queue brunes.

Mocking creeper. Latham, Synop. — *Certhia sannio.* Gmelin , *Syst. nat.*

CETTE espèce connue dans la Nouvelle-Zélande , sous le nom de *Neghobarra*, est très-nombreuse dans les environs du canal de la Reine Charlotte. Il est dans cette immense contrée peu d'oiseaux chanteurs, disent les Navigateurs anglais ; et même on n'en compte que deux qui méritent ce titre , le guêpier Poë (*Merops novæ Zelandiæ*) et le *Negho-barra*. La Nature semble leur avoir prodigué ce qu'elle a refusé aux autres ; car tous deux ont un ramage des plus mélodieux ; mais cet Héoro-taire est le plus favorisé. Il varie tellement son chant , que, lorsqu'on l'entend , on se croit environné de cent espèces différentes [1]. C'est d'après cette faculté que les Anglais lui ont donné le nom de Moqueur.

Le vert-olive qui règne sur le plumage de ce Grimpereau, prend une teinte jaune sur les parties inférieures du corps ; les pennes secondaires et les caudales ont les bords extérieurs de la couleur dominante ; une faible tache jaune se fait remarquer sur les joues (elle est blanche dans l'individu que décrit Latham); la tête, spécialement le dessus, incline au violet. Cette teinte n'est que momentanée , dit l'Ornithologiste anglais, elle est due à la poussière pourprée des étamines de certaines fleurs qui s'attache aux plumes du sinciput et même au bec, lorsque l'oiseau les plonge dans la corolle, soit pour y chercher des insectes, soit pour pomper le miélat qu'elle renferme. Cette poussière est donc bien tenace, puis-qu'elle reste adhérente aux plumes de quelques individus, quoique trans-portés en Europe : tel est celui que je décris. La couleur de la tête doit être, selon Latham, d'un vert-olive.

Longueur totale, sept pouces et demi ; grosseur de la petite Grive ; bec, un peu courbé, grêle, de couleur sombre ; narines, longues, larges et couvertes d'une membrane ; (langue aiguë, *penicilliforme* à son extré-mité. Latham); iris, couleur de noisette ; queue, fourchue ; pieds d'un bleu obscur.

Cet oiseau , dessiné à Londres , est dans le Muséum Leverian , aujour-d'hui Parkinson.

---

[1] Troisième Voyage de Cook, t. 1, p. 195, traduct. française, *in-4°*.

Dè e Neghèbàrra Pl. 64

L'héoro-taire brun Pl. 65.

L'HÉORO-TAIRE BRUN.

PLANCHE LXV.

Parties supérieures brunes; parties inférieures à raies transversales brunes et blanches.

Brown creeper. Latham, Synop. — *Certhia fusca.* Gmelin, *Syst. nat.*

Le pays qu'habite cet oiseau est inconnu. On sait seulement qu'il se trouve dans une des îles de la mer du Sud. Il a environ six pouces, le bec long de douze lignes, peu courbé, noirâtre, et tacheté d'une couleur orangée sur le milieu; le dessus de la tête d'un brun-clair, ainsi que les bords extérieurs des couvertures et pennes alaires : cette teinte est plus foncée sur les autres parties supérieures, les ailes et la queue. On remarque plusieurs lignes sur les côtés de la tête; l'une composée de points, commence au-dessus de l'œil, et le dépasse un peu; une autre est entre celui-ci et le bec; une troisième part de la mandibule inférieure, forme d'abord, avec la précédente, un angle aigu dont la pointe est tournée vers le coin de la bouche : cette ligne s'étend jusqu'à l'occiput. Plusieurs autres sont transversales sur les côtés du cou; toutes sont blanches et paraissent ondées. Les plumes qui entourent le bec, ressemblent à des soies; elles sont très-garnies, brunes, et se recourbent vers les mandibules; narines, longues, recouvertes d'une membrane; queue, deux pouces et demi, arrondie à son extrémité; pieds et ongles noirs.

Cet individu a été dessiné à Londres dans le Muséum Leverian, aujourd'hui Parkinson.

L'HÉORO-TAIRE CRAMOISI.

PLANCHE LXVI.

Rouge cramoisi ; ailes et queue noires.

Crimson creeper. Latham Synop. — *Certhia sanguinea.* Gmelin , *Syst. nat.*

QUOIQUE cet oiseau habite les mêmes îles que le Kuyameta, et porte à-peu-près le même plumage, il existe entre eux des dissemblances qui ne permettent pas de les confondre. Celui-ci est plus grand ; ses ailes sont plus longues, et s'étendent presque jusqu'à l'extrémité de la queue ; enfin sa couleur principale se présente sous une autre nuance.

Un rouge cramoisi domine sur la tête, le dessus du corps, la gorge et la poitrine, mais d'un ton plus foncé sur les premières parties ; une teinte marron borde les pennes secondaires à l'extérieur ; le bas-ventre, les couvertures inférieures et la tige des pennes de la queue sont blancs : ces pennes ont l'extrémité un peu pointue. Longueur totale, cinq pouces et demi ; bec, noirâtre, très-peu arqué, neuf lignes ; pieds, jaunâtres.

Cet individu dessiné à Londres, est dans la collection de M. *Humphreys.*

L'héoro-taire cramoisi. Pl. 66.

Le Vert olive mâle. Pl. 6.

L'HÉORO-TAIRE VERT-OLIVE, MALE.

PLANCHE LXVII.

Vert-olive; bord extérieur des pennes alaires et caudales jaune.

Olive-green creeper. Latham, Synop. — *Certhia virens*. Gmelin, *Syst. nat.*

D'APRÈS la couleur vert-olive que porte quelquefois la femelle dans les espèces où le mâle est rouge, Latham a présumé que cet oiseau pouvait être celle du précédent; mais M. Parkinson m'ayant mis à portée de connaître la différence qui, dans çette race, caractérise les sexes, je puis assurer que c'est un mâle, dont la femelle est décrite ci-après. Il habite les îles de Sandwich, ou des Amis.

Cet Héoro-taire a cinq pouces de longueur totale; le bec peu courbé, long de huit lignes, noirâtre; un trait noir entre le bec et l'œil; le plumage généralement d'un vert-olive, plus pâle sous le corps, plus brunâtre sur les pennes des ailes et de la queue : cette dernière est un peu fourchue; les pieds sont pareils au bec.

Cet oiseau est à Londres dans le Muséum Leverian, appartenant à M. Parkinson, où il a été dessiné.

L'HÉORO-TAIRE VERT-OLIVE, FEMELLE.

PLANCHE LXVIII.

Plumage gris.

Cette femelle qui n'a pas encore été décrite, est de la taille du mâle. Son bec est brun-clair; le gris qui colore la tête, le dessus du cou, le dos et le croupion est verdâtre : il règne, sans aucun mélange, sur la gorge, la poitrine, le ventre, et prend un ton plus foncé sur les pennes des ailes et de la queue; les pieds sont pareils au bec.

Cet oiseau est dans le même Muséum : nous en devons la découverte à M. Parkinson, qui nous en a fait passer le dessin.

Le Vert olive f.^{elle} Pl. 68

Le Foulehaio mâle. Pl. 69.

LE FOULEHAIO MALE.

PLANCHE LXIX.

Olivâtre ; caroncules jaunâtres à la base de la mandibule inférieure ; langue plus longue que le bec , divisée, dans près de la moitié de sa longueur , en quatre parties filiformes.

Whatled creeper. Latham, Synop. — *Certhia carunculata.* Gmelin, *Syst. nat.*

CETTE espèce, à laquelle je conserve le nom qu'elle porte dans son pays, habite les îles des Amis, particulièrement celle de *Tongotaboo* ou d'Amsterdam. Le Foulehaio est, dit-on , dans cette île le seul oiseau chanteur ; mais la Nature, en condamnant les autres au silence, a compensé cette perte , en douant celui-ci d'un ramage fort, mélodieux, et presque continuel. Coryphée de ces déserts, il en égaye les bois solitaires depuis le lever de l'aurore, jusqu'après le coucher du soleil. Pendant les mauvais temps , il ne fait entendre que des sons faibles et indécis. Prévoit-il le retour des beaux jours ? il l'annonce par toute l'étendue de sa voix et les coups de gosier les plus harmonieux [1].

Un caractère particulier distingue ce Grimpereau de tous ceux connus jusqu'à présent. Il a près de l'ouverture de la bouche, à la base de la mandibule inférieure , une espèce de membrane d'environ deux lignes de diamètre , et de couleur jaunâtre : elle est accompagnée d'un faisceau de plumes jaunes qui s'étendent sous les yeux. L'iris est rougeâtre ; le dessus du corps d'un vert-olive brunâtre , plus sombre sur le milieu du dos ; le menton et la gorge sont d'un orangé sale ; le jaune colore la poitrine , et prend sur le ventre un ton plus pâle ; les petites couvertures des ailes sont brunes dans la partie qui est près du fouet, ainsi que l'intérieur des pennes primaires, secondaires et caudales ; l'extérieur est bordé de jaune-pâle. Longueur totale, sept pouces ; bec, douze lignes, un peu courbé ; pieds , jaunes ; ongles , noirs.

Les dessins du mâle et de la femelle sont tirés de la collection de M. *Woodfort du Vauxhall*, qui a bien voulu nous les communiquer pour cet Ouvrage.

---

[1] Cook's last Voy. tom. 1, and Appendix.

Ces oiseaux qui ne se trouvent que dans une seule collection anglaise, viennent, à ce que nous assurent MM. Parkinson et Woodfort, de celle de *Labillardière* [1], un des Naturalistes qui était du voyage entrepris aux frais du Gouvernement français, pour la recherche du malheureux Lapeyrouse.

---

[1] Nous eussions desiré devoir la connaissance de ces oiseaux à ce Naturaliste français; car, sans doute, il en possède les doubles ; mais sa collection est renfermée dans des caisses dont l'ouverture, à ce qu'il nous a dit, pourrait nuire à sa conservation. C'est donc à regret que nous ne pouvons nous louer de la bonne volonté de ce Savant pour les progrès de cette branche d'Histoire naturelle.

Le Foulehaio femelle. pl. 79.

LE FOULEHAIO FEMELLE.

PLANCHE LXX.

Plumage jaune.

CETTE femelle qui, jusqu'à présent, n'était pas connue, a de l'analogie avec la variété que décrit Latham [1]. Sa taille est un peu inférieure à celle du mâle, et son bec est plus court d'environ deux lignes. Le jaune domine sur son plumage, mais sous diverses nuances. Il est très-clair sur les plumes qui sont près des caroncules, foncé sur le dos, pâle sur le reste du corps, les pennes primaires, le fouet des ailes et la queue. Les mandibules sont de couleur de corne; les pieds de couleur de chair, et les ongles blancs.

Nous devons, comme je l'ai déjà dit, la connaissance de cette femelle à M. Woodfort.

---

[1] Cet Auteur dit que sa variété diffère du précédent, en ce qu'elle n'a pas la gorge orangée, et en ce que toutes les parties inférieures du corps, les pennes des ailes et de la queue sont d'un jaune-olive.

L'HÉORO-TAIRE NOIR.

PLANCHE LXXI.

Brun-noir; ailes et queue bordées de jaune.

Ce Grimpereau qui habite la Nouvelle-Hollande, a, dans ses couleurs, une grande analogie avec celui que White désigne pour la femelle de notre Héoro-taire tacheté (pl. 57). Comme il ajoute que cette femelle a les couleurs moins vives, le bec plus long, les pieds plus gros, et, en général, les dimensions plus fortes que le mâle [1], ces détails ne peuvent convenir à cet oiseau qui a un pouce et demi de moins, le bec plus court de trois lignes, le tarse plus menu, et les teintes plus vives. Il a aussi de grands rapports avec l'Héoro-taire noir et blanc (pl. 55); mais ne connaissant que le physique de cet individu, j'ai cru devoir l'isoler, plutôt que de faire une alliance qui n'aurait pour base que des conjectures, souvent erronées, lorsqu'on ignore le genre de vie des oiseaux qu'on veut rapprocher.

Ce Grimpereau a la tête et le dessus du corps d'un brun noirâtre; le menton noir; sur les côtés du cou, une bande blanche, longitudinale, étroite à son origine, et large à son extrémité; une petite tache grise au coin de l'œil; le menton noir; la gorge, la poitrine, le ventre noirâtres; les ailes, la queue de la même couleur, bordées de jaune, et conformées comme celles des Grimpereaux dont je viens de parler. Longueur totale, cinq pouces et demi; bec, couleur de corne, neuf lignes; narines, très-alongées; pieds, bruns.

Cet individu est dans le Muséum Leverian, présentement de M. Parkinson, où il a été dessiné.

---

[1] *Voyez* l'Appendix de son Voyage à la Nouvelle-Galle du Sud.

FIN DES GRIMPEREAUX HÉORO-TAIRES.

L'Heoro-taire noir. Pl. 71.

Grin pereau. Pl.

HISTOIRE NATURELLE

DES

GRIMPEREAUX.

LE GRIMPEREAU.

PLANCHE LXXII.

Dessus du corps varié de roux, de brun, de noirâtre, dessous blanc ; pennes de la queue acuminées.

Le Grimpereau. Brisson, Ornith. — Buffon, Ois. — Common creeper. Latham, Synop. — *Certhia familiaris.* Linné, *Syst. nat.*

CETTE espèce habite le Nord et les pays tempérés des deux continens. Dans l'ancien, elle est répandue depuis la Suède jusqu'à l'Afrique, et se trouve très-rarement en Russie et en Sibérie. Moins nombreuse dans le nouveau, elle fréquente ses contrées septentrionales, depuis le Canada jusqu'à la Caroline ', voyage, pendant l'automne, du nord au midi ; passe, vers la fin d'octobre, dans le Nouveau-Jersey et la Pensilvanie, et se retire, pendant l'hiver, dans les provinces méridionales des Etats-Unis. Cet oiseau se plaît dans les bois et les vergers, se perche très-rarement, mais grimpe sans cesse sur les arbres, pour se procurer une nourriture dont la recherche le force à un mouvement continuel. Son extrême mobilité et sa manière de grimper font qu'il échappe aisément à l'observateur : à peine parvenu à la cime d'un arbre, d'un vol vif et rapide, il plonge au pied d'un autre, et en tournant autour du tronc, arrive au sommet. Telle est la vie laborieuse de ce petit volatile, depuis le lever du soleil jusqu'à son coucher. Alors, pour se délasser de ses fatigues, il se retire dans un arbre creux.

' Le Grimpereau américain est pareil au nôtre. M. Latham fait mention d'une variété considérablement plus grande, qui, dit-il, se trouve aussi dans l'Amérique septentrionale. C'est à quoi se borne la description qu'il en fait. *Voyez* Suppl. to gener. Synopsis, p. 126.

On voit souvent cet oiseau à la suite des Mésanges et des Sittelles : comme ceux-ci ont l'habitude, soit de frapper avec le bec contre les branches et même le tronc, pour en faire sortir les insectes, soit d'en déchirer les lichens sous lesquels ils se cachent, le Grimpereau qui vient immédiatement après, semble être à la piste, pour saisir ceux qui leur échappent. Néanmoins, lorsqu'il est privé de cette ressource, il arrache aussi la mousse pour y chercher les larves qu'elle recèle. Dans toutes les saisons, le mâle et la femelle ne se quittent pas. Si le hasard ou le besoin les éloigne un peu l'un de l'autre, ils correspondent de temps en temps par un petit cri aigu. Ce cri est pour eux le signal du ralliement, et le seul que le mâle fait entendre pendant l'automne et l'hiver : mais, dès que les frimats commencent à disparaître, il égaie sa compagne par un ramage faible et court. J'ai remarqué qu'alors il se perchait plus volontiers : quoiqu'il chante dans les diverses positions où il se trouve. Un trou d'arbre, sa demeure ordinaire, est l'endroit que la femelle choisit pour y placer son nid. Vers les premiers jours du printemps, elle le construit de mousse et d'herbes fines, liées ensemble avec des toiles d'araignée. Sa ponte est, disent Montbeillard et quelques Naturalistes, de cinq à sept œufs; selon d'autres, de quinze à vingt. Leur couleur est d'un blanc-cendré parsemé de quelques points et traits d'une teinte plus foncée. Le plumage des jeunes diffère peu de celui des vieux.

Cet oiseau a les plumes de la tête, du cou et du dos de trois couleurs; un brun roux borde un côté, une teinte noirâtre borde l'autre, et un blanc sale occupe le milieu; le dessous du corps est blanc, sans aucun mélange dans les uns, et nuancé d'un roux faible dans d'autres. Cette même couleur entoure les yeux, et couvre les sourcils; les couvertures des ailes sont pareilles au dos, et les pennes brunes : les trois premières sont grises à l'extérieur; les suivantes ont des taches blanchâtres; les dernières ont une tache noirâtre entre deux blanches : quelques-unes de ces taches sont transversales, et d'autres longitudinales; la queue est brune et un peu étagée. Longueur totale, quatre pouces trois quarts; (ces oiseaux varient en grandeur de quelques lignes) bec, sept lignes, brun en dessus, blanchâtre en dessous; iris, couleur de noisette; pieds, gris [1].

---

[1] Frisch fait mention d'une variété qui diffère par une taille plus grande : elle a les mêmes habitudes. *Scopoli* (Ann. Hist. nat. 1, n° 60, pag. 52) décrit un Grimpereau que des Naturalistes modernes donnent pour une espèce nouvelle, sous le nom de GRIMPEREAU VERT (*Certhia viridis.* Gmelin). Il habite la Carniole. Taille du précédent; dessus du corps d'un verdâtre sale; dessous d'un jaune-pâle mêlé de vert; une raie bleue part de la base du bec, et descend sur les côtés du cou; menton roux; ailes brunes, et bordées de vert à l'extérieur; queue d'un brun verdâtre; pieds noirs.

De Gde de Muraille

LE GRIMPEREAU DE MURAILLE.

PLANCHE LXXIII.

Cendré; petites couvertures des ailes roses.

Le Grimpereau de muraille. Brisson, Ornith. Brisson, Ois. — The Wale creeper. Edwards, Ois. Latham, Synop.

CE bel oiseau habite l'Italie, l'Arragon [1], la Pologne, l'Autriche et la France : il est très-rare dans le nord de ce dernier pays, et ne se trouve pas en Suède : du moins Linné ne l'a pas rangé parmi les oiseaux de ce royaume. Latham confirme ce qu'a dit Edwards, qu'il ne fréquente pas l'Angleterre, et ajoute qu'on l'a vu sur les rochers du mont Caucase, et non ailleurs dans les environs. Il paraît que ce Grimpereau se trouve aussi dans la Chine, puisque Mauduit en a reçu un venant de cet empire. Quoiqu'on le rencontre dans beaucoup de pays, il est rare dans tous. Son genre de vie est le même que celui du précédent; il diffère seulement dans une habitude. Le dernier, comme je viens de le dire, ne se plaît que sur les arbres, et ne grimpe que sur le bois; celui-ci, au contraire, s'y rencontre très-rarement : il préfère les murailles, les vieux châteaux et les rochers coupés à pic. C'est dans les crevasses et sur leur surface qu'il cherche les insectes, sur-tout les araignées dont il fait sa principale nourriture. *Kramer* dit qu'il se tient de préférence dans les cimetières, et fait son nid dans des crânes humains : cela arrive, je crois, plutôt par hasard que par choix; car, ordinairement, la femelle dépose ses œufs dans des trous de muraille ou de rocher. Son vol vague et incertain a de l'analogie avec celui de la Huppe, et sa manière de grimper avec celle de la Sittelle. Cet oiseau est un des plus solitaires; on en voit rarement deux ensemble. Il vit et voyage seul. Vers la fin de l'automne, il émigre des contrées septentrionales pour passer l'hiver dans les plus tempérées.

Le mâle et la femelle ont le même plumage, à l'exception d'une plaque noire sur la gorge et le devant du cou dont celle-ci est privée [2]; le dessus

---

[1] Près de Jacca, où on le nomme *Paxaco aranero.*

[2] Malgré mes recherches, je n'ai pu découvrir le mâle à qui tous les Ornithologistes donnent ce trait caractéristique. J'ai vu au moins dix de ces oiseaux venant de divers pays, et tués dans diverses saisons; aucuns n'avaient cette plaque noire : sans doute que ceux qui l'ont ainsi désigné et figuré, l'ont vu. Néanmoins sa très-grande rareté me fait soupçonner que c'est une variété accidentelle.

de la tête et du corps d'un joli gris-cendré qui est très-foncé sur la poitrine et le ventre; les moyennes couvertures des ailes roses à l'extérieur, et noirâtres à l'intérieur; les pennes terminées de blanc sale, et bordées, depuis leur origine jusqu'à leur moitié, d'un beau rose qui s'affaiblit graduellement, à mesure qu'elles approchent du corps, de manière qu'il est très-peu apparent sur les plus proches : quatre des primaires sont marquées à l'intérieur de deux taches blanches, dont l'une est placée vers le milieu, et l'autre près du bout; la cinquième en a une de cette couleur et une fauve; les autres n'en ont qu'une de cette dernière teinte; le dessous des ailes est pareil aux petites couvertures; les grandes sont noirâtres, ainsi que les pennes caudales; les huit intermédiaires ont l'extrémité d'un gris sale, et les deux paires latérales l'ont blanche. Grosseur, un peu au-dessus de celle du Moineau; longueur totale, six pouces deux tiers; bec, quatorze lignes (vingt lignes dans d'autres, selon Brisson); mandibules noires, ainsi que les pieds; langue, très-pointue, plus large à sa base, terminée par deux appendices; ongles, longs, minces, crochus; queue, égale.

Comme SPARMAN n'a pas indiqué le pays qu'habitent les deux Grimpereaux suivans, je les ai placés dans cette tribu. Nous n'en donnerons pas les figures, n'ayant pu nous les procurer en nature.

Le GRIMPEREAU FULIGINEUX, *Certhia ignobilis* (Sparman, *Fasc. 3, tab.* 56), a huit pouces, une grosseur égale à celle du Promerops olivâtre, le bec long de sept lignes; le dessus du corps d'un noir fuligineux; le dessous cendré, avec des lignes elliptiques blanches; les pennes alaires brunes, avec la tige noire; la queue et les pieds de cette dernière couleur.

Le GRIMPEREAU ONDULÉ, *Certhia undulata* (*ibid. t.* 34), a le bec brun; les pieds noirs; le dessus du corps, les ailes, la queue d'un cendré fuligineux; le dessous rayé transversalement de blanc et de noir. Longueur totale, six pouces et demi; bec, quatorze lignes.

Le Grimpereau varié. Pl. 74.

LE GRIMPEREAU VARIÉ.

PLANCHE LXXIV.

Plumage varié de noir et de blanc; deux bandes transversales de cette dernière couleur sur les ailes.

Le Figuier varié de Saint-Domingue. Brisson, Ornith. Buffon, Ois. — White-poll Warbler. arctic Zoology. — Black and White creeper. Edwards. — Glean. le mâle. — *Motacilla varia.* Linné, *Syst. nat.*

LES Ornithologistes ont placé cet oiseau parmi les Figuiers, sans doute d'après la forme apparente du bec : cependant, si on l'examine avec attention, l'on voit qu'il est privé de l'échancrure qu'a celui des Motacilles, et qu'il est un peu incliné vers le bout. Ce dernier caractère n'a point échappé à Edwards, qui, comme je l'ai déjà dit, l'a donné pour un Grimpereau. Il me semble qu'il est fondé dans cette désignation; car il en a les habitudes et les mœurs. Il arrive, au printemps, dans la Pensilvanie et les états voisins, les quitte quelques jours avant l'automne, pour passer l'hiver à la Jamaïque, Saint-Domingue et autres îles Antilles. Il ne se plaît que sur les grands arbres, vit isolé, n'a point de ramage, mais un petit cri qu'il fait entendre rarement. J'ignore où il place son nid. Le mâle a le menton, le dessous du cou plus ou moins noirs, et, sur les joues, une large tache de la même teinte; (la femelle et les jeunes diffèrent, en ce que ces mêmes parties sont blanches). Ces deux couleurs règnent seules sur le plumage de cet oiseau : elles forment des raies alternatives et longitudinales sur la tête et tout le dessus du corps; le noir se présente par taches isolées sur les parties inférieures, mais il domine sur les couvertures et les pennes des ailes; le blanc borde les secondaires, les pennes caudales, et termine les moyennes et petites couvertures. Longueur totale, trois pouces onze lignes; bec, brun en dessus, jaunâtre en dessous, sept lignes; pieds, bruns; doigt de derrière, six lignes, fort, et le plus long de tous.

Le mâle est au Muséum d'Histoire Naturelle, et la femelle dans la collection de *Brust,* à Bordeaux.

LE SOUÏ-MANGA A BEC DROIT.

PLANCHE LXXV.

Bec droit ; dessus du corps vert-cuivré ; poitrine d'un carmin pâle.

Je termine le genre des Grimpereaux par cet oiseau. Quoique la forme de ses mandibules le rapproche des Figuiers , son plumage a tant d'analogie avec celui des Souï-mangas d'Afrique , qu'on ne pourrait se dispenser de le classer parmi eux , si son bec était courbé. Il serait à désirer que l'on connût son genre de vie : peut-être y trouverait-on de nouveaux rapprochemens ; mais on ignore même le pays qu'il habite. Il a le dessus de la tête , le dos , le croupion , les couvertures des ailes et la gorge d'un vert cuivré ; les pennes des ailes et de la queue d'un brun clair , et bordées de vert sale ; le dessous du cou jaune ; deux petits faisceaux de cette couleur sur les côtés de la poitrine ; le ventre d'un jaune sale qui s'éclaircit sur les couvertures inférieures de la queue. Longueur totale, trois pouces et demi ; bec , six lignes , noirâtre , ainsi que les pieds.

Du Muséum d'Histoire Naturelle.

Le Grimpereau des pins (*Certhia pinus.* Gmelin.) devrait être placé à la suite de cet oiseau, puisqu'il a le bec droit ; mais il n'a pas l'habitude de grimper. Il s'accroche avec les ongles au tronc des arbres , et se suspend au bout des branches, comme font les Mésanges, et quelques Figuiers de l'Amérique septentrionale. Ayant trouvé , dans son genre de vie , plus d'analogie avec ces derniers , j'ai cru ne pas devoir l'en séparer.

FIN DES GRIMPEREAUX.

Le Soui-manga à bec droit. pl. 75.

Le Picucule N° 70

LE PICUCULE.

PLANCHE LXXVI.

Tête, cou, gorge et haut de la poitrine rayés longitudinalement; dos, bas de la poitrine et ventre à raies transversales; croupion, ailes et queue d'un rouge-brun; pennes caudales pointues.

Le Picucule. Buffon, Ois. — Climbing grakle. Latham, Synop. — *Gracula Cayennensis.* Gmelin, *Syst. nat.*

LE S Ornithologistes et les Méthodistes ne sont pas d'accord sur la vraie place que doit occuper cette espèce. J'ai donné (pag. 12, 13 de cette Histoire) les motifs qui m'ont décidé à la ranger à la suite des Grimpereaux, dont elle diffère par la forme des doigts (*Voyez* ibid.). Ce caractère qui la distingue particulièrement de tous les autres oiseaux, seroit suffisant, ce me semble, pour en faire un genre particulier.

Le Picucule se trouve à Cayenne, grimpe contre les arbres comme le Grimpereau, en s'aidant de sa queue. Son bec étant fort, il perce avec facilité l'écorce et le bois pour manger les insectes qui s'y trouvent. Cette espèce habite, dit Buffon, les forêts situées dans l'intérieur de la Guiane, et préfère le voisinage des rivières et des fontaines. Il est vif, pétulant, change souvent d'arbre, voltige sans cesse de l'un à l'autre; mais il ne se perche ni ne fait de longs vols.

Cet oiseau a les plumes de la tête et du cou brunes sur les bords, et d'un roux-clair dans le milieu; celles de la gorge, de la poitrine, et du ventre d'un blanc sale bordé de brun-noir et de brun-clair; le dos d'un rouge-brun rayé de noir. Longueur totale, neuf pouces et demi (la taille varie d'un pouce dans des individus); bec brun, dix-huit lignes; pieds, d'un gris-brun; queue, un peu cunéiforme.

La femelle diffère, en ce que ses couleurs sont plus claires, et les taches oblongues.

Du cabinet de Dufrêne.

LE VERDIN.

PLANCHE LXXVII.

Vert; gorge noire; moustaches lilas; petites couvertures des ailes bleues.

Le petit Merle de la côte du Malabar. Sonnerat, Voy. Ind. — Le Verdin. Buffon, Ois. — Yellow-fronted thrush; Black-chinned thrush. Latham, Synop. — *Turdus Cochinchinensis; Malabaricus.* Gmelin, *Syst. nat.*

L e Verdin a été classé avec les Merles par les Ornithologistes et les Méthodistes; sans doute, d'après l'échancrure de la mandibule supérieure. C'est le seul caractère qui lui soit commun avec eux. Il en diffère, en ce que son bec est arqué, filé en pointe aiguë, et échancré à l'extrémité de sa partie inférieure. Si je le place à la suite des Grimpereaux, ce n'est pas pour l'identifier avec eux, mais pour faire connaître les rapports qui existent entre lui et deux branches de cette famille. La seule dissemblance qui soit entre son bec et celui du Guit-guit vert, consiste dans l'échancrure de la mandibule inférieure. Sa langue, comme celle de la plupart des Héoro-taires, est ciliée à son extrémité, aussi longue que le bec, et paraît susceptible d'extensibilité.

Latham et Gmelin ont décrit cet oiseau sous deux noms différens, et en ont fait deux espèces distinctes; l'une d'après Sonnerat, l'autre d'après Montbeillard : cependant ceux-ci l'ont fait connaître sous le même habit. Cette espèce se trouve dans l'Inde : Sonnerat se l'est procurée sur la côte du Malabar. Montbeillard présume qu'elle habite la Cochinchine. Le vert brillant domine sur son plumage; il est sur la tête d'une belle nuance olive; sur la poitrine, le ventre d'un ton plus clair; et tire un peu sur le bleu vers la queue; les ailes sont brunes à l'intérieur, et vertes à l'extérieur; la queue est de cette dernière teinte en dessus, et grise en dessous; un trait noir sépare le bec de l'œil; un noir velouté couvre la gorge, s'étend sur les côtés du menton, et borde la bande lilas qui part de la base du bec; la partie antérieure de l'aile est décorée d'une espèce d'épaulette bleu céleste. Taille du Moineau, mais plus alongée. Longueur totale, près de six pouces; bec, noir, onze lignes; pieds, noirâtres; ongles, très-crochus.

Cet oiseau est dans la superbe collection de feu Gigot d'Orcy.

Le Verdin. Pl. 77

Le Verdin

LE VERDIN FEMELLE.

PLANCHE LXXVIII.

Plumage vert.

Yellow-fronted thrush female. Latham, Synop. — *Turdus Malabaricus fœm.*
Gmelin, *Syst. nat.* — Sonnerat, Voy. Ind.

Nous devons la connaissance de cette femelle à Sonnerat, qui, le
premier, l'a décrite. Elle diffère du mâle, en ce que le vert répandu
sur presque tout son plumage, a moins d'éclat : mais ce qui sur-tout la
caractérise, c'est d'être privée des moustaches lilas, de la tache noire
qui est entre le bec et l'œil; d'avoir la gorge d'une teinte de vert-de-gris;
les épaulettes moins grandes, et d'un bleu pâle.

Cet oiseau est dans le Muséum d'Histoire Naturelle.

LE SOUÏ-MANGA DE SIERRA-LEONA, ou LE QUINTICOLOR[1].

PLANCHE LXXIX.

Vert; poitrine violette; ventre roux.

Band-breasted creeper. Shaw.

Tout ce qu'on sait de ce Grimpereau, c'est qu'il habite le royaume de Sierra-Léona. Peut-être le trouve-t-on encore dans d'autres parties de l'Afrique. Cinq couleurs règnent sur son plumage. Le violet sur le sinciput, le menton, la poitrine; le bleu sur la gorge, le croupion; le vert sur le reste de la tête, le dessus du cou, le dos, la queue; le brun sur les ailes; le roux sur le ventre. Longueur totale, trois pouces trois quarts; bec, huit lignes, noirâtre, ainsi que les pieds.

Cet oiseau dessiné à Londres, nous a été communiqué par M. Parkinson.

---

[1] Cet oiseau et ceux qui suivent nous étant parvenus trop tard, pour être rangés dans leurs tribus, nous les publions à la fin du genre, pour ne pas priver les Amateurs de ces rares et nouvelles espèces.

Le S. de Sierra-leona. pl. 79.

Le S. à collier noir. Pl. 80.

LE SOUÏ-MANGA A COLLIER NOIR.

PLANCHE LXXX.

Vert; collier noir; ventre blanc.

Sierra-Leona collared creeper. Shaw.

Le plumage de cet oiseau qui habite la même partie de l'Afrique que le précédent, a une grande analogie avec le Souï-manga à collier de cet Ouvrage (pag. 32, pl. 13). Il n'en diffère spécialement que par une bande noire très-étroite, qui tranche entre le bleu de la gorge et le rouge de la poitrine. Cette couleur occupe seulement l'extrémité des dernières plumes bleues. La tête, le menton, le dos, le croupion sont d'un vert doré; le ventre, le bas-ventre et les couvertures inférieures de la queue sont blancs; le brun couvre les pennes alaires et caudales. Longueur totale, quatre pouces deux lignes; bec, onze lignes, brun, ainsi que les pieds.

Cet oiseau dessiné à Londres, est dans la collection de M. Th. Wilson, écuyer.

M. Parkinson possède dans le Muséum Leverian un individu qui a beaucoup de rapport avec celui-ci : il en diffère en ce qu'il n'a pas la gorge bleue, et qu'il a très-peu de vert sur le corps.

LE SOUÏ-MANGA BRUN ET BLANC.

PLANCHE LXXXI.

Dessus du corps brun; parties inférieures blanches; croupion d'un pourpre rougeâtre.

Ceylonese creeper. Var. A. Latham, Synop. — *Certhia Zeylonica, var.* Gmelin, *Syst. nat.*

Latham a fait de ce Grimpereau une variété de celui de Sonnerat (pl. 3o , fig. A '.). Pour en être une , il faudrait qu'il y eût entre eux quelques rapports ; et il n'en existe pas. Celui-ci a près de huit lignes de plus , et en diffère par les couleurs, sur-tout celle du croupion qui est pourpre. Il n'en est pas la femelle , puisqu'elle est différemment désignée par Sonnerat lui-même, qui le premier l'a fait connaître. Je le donne pour un jeune oiseau, d'après le peu d'éclat de son plumage ; mais je crois qu'il ne peut appartenir, en aucune manière, à l'espèce dont le Naturaliste anglais en fait une variété. Sa race ne peut être déterminée que par celui qui l'aura observé dans sa patrie ; car, comme on a dû le voir précédemment, la plupart des espèces de cette famille ont, dans leur jeune âge, des teintes à-peu-près pareilles, et si différentes de celles de l'âge avancé, sur-tout des vieux mâles, qu'on ne peut rien statuer d'après des peaux desséchées.

Cet oiseau a le dessus et les côtés de la tête jusqu'au-dessous des yeux, les petites couvertures des ailes verts ; le cou , la gorge, le dos, les pennes alaires bruns ; la poitrine et les parties subséquentes blanches ; la queue noire ; quatre pouces trois à quatre lignes de longueur ; le bec noirâtre et blanc à la base.

Cet oiseau, dessiné à Londres , est dans le Muséum Britannique. Nous en devons la communication, ainsi que du suivant , à M. Parkinson.

' Ce Grimpereau de Sonnerat est le Souï-manga olive à gorge pourpre de Buffon, que j'ai désigné par la dénomination de gorge bleue. *Voyez* pl. 29 et pag. 51.

Le S. brun et blanc. pl. 84

Le S. à plumes soyeuses. pl. 86

LE SOUI-MANGA A PLUMES SOYEUSES.

PLANCHE LXXXII.

Vert; bande rouge sur la poitrine; couvertures de la queue à barbes longues et soyeuses.

African creeper. Var. C. Latham, gen. Synop. Suppl.

Le Grimpereau d'Afrique [1], (*Certhia Afra.* Linné.) auquel Latham rapporte, dans sa Synonymie, celui d'Edwards (pl. 347) et le Souï-manga vert à gorge rouge de Buffon, a, selon lui, plusieurs variétés dont cet oiseau est la troisième.

La première (A) diffère du Grimpereau d'Afrique, en ce qu'elle a le ventre d'un blanc cendré, et de celui d'Edwards, par une touffe de plumes jaunes sur les flancs. La seconde (B) diffère des trois variétés et des deux espèces [2], par le bleu-pourpré éclatant qui couvre son menton et sa gorge, et par le rouge de sa poitrine qui est foncé, et incline au pourpre. De telles dissemblances ne désigneraient-elles pas plutôt une race particulière? N'en serait-il pas de même pour la troisième variété (C)? Je suis tenté de le croire; car les différences sont tranchantes. Elle est plus grande; elle n'a pas de bleu sur le croupion, ni de blanc, ni de gris sur le ventre et bas-ventre : elle en diffère sur-tout, en ce que les plumes du dos, du croupion et du dessus de la queue ont des barbes longues, soyeuses et flottantes; les couvertures de la queue sont d'une telle longueur, qu'elles s'étendent presque jusqu'à l'extrémité des pennes. Quoi qu'il en soit, ce Souï-manga qui se trouve aussi en Afrique, a la tête, la gorge, la poitrine vertes, à reflets cuivrés ou pourprés, selon la réfraction de la lumière; les petites couvertures des ailes, les supérieures de la queue, le dos, le croupion, d'un vert doré; les grandes, les pennes alaires

---

[1] *Voyez* sa description, pag. 63 de cet Ouvrage, sous le nom de Souï-manga vert à gorge rouge, où j'ai omis de dire qu'il a le ventre blanc.

[2] Le Souï-manga vert à gorge rouge est, selon Montbeillard, le Grimpereau vert du Cap de Bonne-Espérance de Sonnerat. Latham a divisé celui de Montbeillard de celui de Sonnerat, en faisant du premier sa dix-huitième espèce, sous le nom d'*African creeper*, et du dernier sa cinquante-troisième espèce, sous la dénomination de *Blue-rumped creeper*. (Gen. Synop. Suppl.)

Nota. J'ai omis de dire à l'article du Souï-manga vert et gris (pag. 47), que c'est le même oiseau dont Latham fait sa cinquante-unième espèce, sous le nom d'*Ash-bellied creeper*, (Suppl. to the gen. Synop.); mais il lui donne près d'un pouce plus que moi : cependant je donne les dimensions d'après nature.

et caudales d'un brun nuancé de verdâtre ; ces dernières sont frangées de vert ; la poitrine est d'un rouge vermillon ; le ventre et le bas-ventre sont noirâtres. Longueur totale, cinq pouces et demi ; bec, quatorze lignes, peu courbé, noir, ainsi que les pieds.

Cet individu a été dessiné à Londres, et est dans le Muséum Britannique.

N'ayant pu nous procurer à temps les dessins des trois Souï-mangas qui suivent, nous en donnons la description telle qu'elle nous a été communiquée.

Le Souï-manga azuré se trouve dans l'Inde, où il est connu des Anglais, sous le nom de *Sugar-eater* (Mangeur de sucre). A l'exception des ailes qui sont d'un brun noirâtre, le reste du plumage est bleu. Longueur, quatre pouces environ ; bec et pieds noirs.

Un individu que l'on trouve dans le pays des Marattes, a de l'analogie avec le précédent. Il en diffère, en ce que le violet pourpré couvre tout son corps, et le noir les pennes caudales qui, à l'exception des deux intermédiaires, sont bordées de violet. En outre il a sur les côtés de la poitrine la touffe de plumes jaunes, qui caractérise la plupart de ces oiseaux. Du Muséum britannique.

Le Souï-manga a front et joues noires. Cette espèce qui habite l'Afrique, a le dessus du corps vert, le dessous jaune, et la queue cunéiforme. Du Muséum Leverian, appartenant à M. Parkinson.

Le Secre-taire bleu. Pl. 8.

L'HÉORO-TAIRE BLEU.
PLANCHE LXXXIII.

Tête gris-jaunâtre; dessous du corps blanc; dessous des pennes de la queue bleu.

Cet oiseau a cinq pouces de longueur depuis le bout du bec jusqu'à l'extrémité de la queue; les mandibules brunes, faiblement courbées et grêles; la langue divisée en deux parties depuis sa moitié; chaque division terminée en pinceau; le dessus du corps brun pâle; le dessous du cou d'un joli bleu mélangé de gris; la gorge, la poitrine, le bas-ventre, les couvertures inférieures de la queue d'un blanc nuancé de couleur de chair; les ailes bordées de gris jaunâtre; les pieds de cette dernière teinte.

Cette nouvelle espèce habite la Nouvelle-Galle méridionale : elle nous a été communiquée par M. *Francillon* de Londres.

L'HÉORO-TAIRE GRIS.

PLANCHE LXXXIV.

Gris ; tache jaune au-dessous des oreilles.

Le caractère distinctif des sexes est peu sensible dans cette nouvelle espèce qui habite la Nouvelle-Galle méridionale. Le mâle a la tête, le dessus du cou, le dos, le croupion, les couvertures, les ailes et la queue d'un gris foncé ; les pennes alaires et caudales sont bordées de jaune à l'extérieur ; la tache qui est au-dessous des oreilles a la forme d'un demi-croissant ; au-dessus on remarque un petit point noir ; un joli gris-blanc est répandu sur la gorge, la poitrine, le ventre et le bas-ventre.

La femelle diffère, en ce qu'elle est privée du point noir au-dessus des oreilles, et en ce que la tache est d'un jaune plus pâle ; la poitrine d'un gris sale ; le bord des ailes et de la queue d'un vert olive, et cette dernière terminée de gris blanc.

Longueur totale, cinq pouces trois quarts ; bec, sept à huit lignes ; mandibules, noires dans leur milieu, et grises sur les bords ; la supérieure échancrée à son extrémité ; langue, extensible, divisée en quatre parties, depuis sa moitié ; chaque division, ciliée à son extrémité ; queue un peu fourchue ; pieds, ongles, bruns.

Le mâle nous a été communiqué par M. Francillon : la femelle est, depuis peu, au Muséum d'Histoire Naturelle.

Le Secrétaire gris. Pl. 84.

Le Secrétaire à oreilles jaunes.

L'HÉORO-TAIRE A OREILLES JAUNES.

PLANCHE LXXXV.

Verdâtre ; plumes des oreilles longues, noires et jaunes.

L a conformation du bec et de la langue, la disposition des couleurs, la forme des plumes, spécialement sur la tête, donnent à la plupart des oiseaux connus des Terres australes une physionomie locale qui les fait distinguer facilement de ceux des autres parties du monde. Quelques-uns ont des caractères génériques qui leur sont particuliers : plusieurs, tels que celui-ci, le précédent, le Goruck, le Parkinson, etc. réunissent ceux qui servent à la distinction de plusieurs genres. Cette espèce et la précédente ont dans l'échancrure de la mandibule supérieure, un rapport générique avec les Grives ; mais elles en diffèrent par la courbure du bec et la forme de la langue ; caractères qui les rapprochent plutôt du genre des Guit-guits et des Héoro-taires ; car, comme les premiers, elles ont le bec arqué et échancré, et comme les derniers, la langue divisée, ciliée et extensible ; de plus elles ont les mêmes habitudes, et vivent des mêmes alimens. D'après cette analogie, je me suis décidé à les ranger avec ceux-ci.

Cette espèce se trouve à Botany-bay dans la Nouvelle-Hollande : elle a le dessus de la tête vert-jaune, et une bande noire sur les côtés : cette bande part des coins de la bouche, entoure l'œil, et couvre le méat auditif ; une touffe de plumes jaunes lui succède : ces plumes longues et susceptibles de s'épanouir et de se relever, lorsque l'oiseau est agité de quelques passions, prennent naissance à la base des oreilles, et s'étendent en arrière sur les côtés du cou ; le menton et la gorge sont jaunes : cette couleur a un ton verdâtre, et est mélangée de gris sur la poitrine, le ventre, le bas-ventre et les couvertures inférieures de la queue ; un gris verdâtre est répandu sur le cou, le dos, le croupion, les couvertures des ailes et de la queue ; le vert olive borde les pennes alaires et caudales : ces dernières, à l'exception des intermédiaires, sont terminées de blanc sale : cette teinte a plus d'étendue sur les deux latérales ; le dessous de toutes est d'un gris vert. Longueur, sept pouces et demi ; bec, noir, neuf lignes ; narines, longues ; langue, extensible, divisée en deux parties depuis sa moitié, chaque division ciliée à son extrémité ; queue, trois pouces neuf lignes, arrondie ; ailes dépassant à-peu-près le tiers de sa longueur.

Cet individu est, depuis peu, au Muséum d'Histoire Naturelle.

L'HÉORO-TAIRE MELLIVORE.

PLANCHE LXXXVI.

Dessus du corps roux ; dessous blanc.

La dénomination de *Mellivore*, par laquelle je signale cette nouvelle espèce, peut, il est vrai, s'appliquer à plusieurs autres Héoro-taires, puisqu'ils vivent aussi de miel ; mais je l'ai restreinte à celui-ci, vu qu'on ignore son nom local. Cet oiseau de la Nouvelle-Galle méridionale se nourrit aussi d'insectes. Son chant n'est qu'un sifflement aigu. Le dessus de la tête est roux ; deux bandes, l'une blanche, l'autre noire, couvrent ses côtés ; la première borde le front, passe au-dessus de l'œil, et se perd vers l'occiput ; la seconde, plus large, entoure les yeux, s'avance sur les oreilles, et les dépasse un peu : là, elle est interrompue par une tache blanche ; ensuite elle descend sur la gorge en demi-croissant. Cette bande, dans sa partie supérieure, sépare le roux brun qui teint le cou, du blanc qui règne sur la gorge ; cette dernière couleur couvre la poitrine et les parties subséquentes ; les couvertures, les pennes des ailes et de la queue sont d'un brun foncé, et bordées de jaune ; le dessous des pennes caudales est d'un gris roux. Longueur totale, sept pouces environ ; bec, douze lignes, noir ; langue, ciliée à son extrémité, et extensible ; pieds, bruns.

Cet individu nous a été communiqué par M. Francillon.

Le Secre-taire mellivore. Pl. 86

Le Mécro-taire graculé. Pl. 87.

L'HÉORO-TAIRE GRACULÉ. [1]

PLANCHE LXXXVII.

Peau nue autour des yeux ; petit croissant blanc sur le sommet de la tête ; langue
plumassée ; dessous du corps blanc.

Cet oiseau et le suivant sont remarquables par leur taille, et , sur-tout,
par les parties nues qui entourent les yeux. D'après ce caractère, je les
désigne par la dénomination de *Graculés.*

L'on assure que cet oiseau est très-rare à la Nouvelle-Hollande , qu'il
fait la chasse aux abeilles et à toute espèce d'insectes. Son chant est
composé de sons très-aigus, qu'il répète continuellement. Posé à terre,
sa façon de marcher est celle de la Pie. Il fait autant de sauts que de pas.

Sa longueur est de douze à treize pouces ; le bec est jaune à la base, et
noirâtre à l'extrémité ; la peau nue qui part des coins de la bouche, qui
entoure et dépasse l'œil , est jaune , et ressemble à du maroquin ; la tache
qui est vers le milieu du sommet de la tête a la forme d'un croissant ,
dont la partie concave est tournée vers le bec ; les plumes qui recouvrent
le reste de la tête sont courtes, peu serrées , et d'une couleur de plomb
foncée : cette teinte s'annonce sur le menton , par une bande étroite et
longue d'environ un demi-pouce ; un vert jaunâtre est répandu sur le
dos et le croupion , borde les pennes des ailes et de la queue ; les pieds
sont verdâtres ; les ongles noirs et crochus.

Nous devons la connaissance de cet oiseau à M. Francillon.

Un autre individu de la même espèce diffère, en ce que le menton,
la gorge et la poitrine , sont totalement de couleur de plomb, et en ce que
la peau nue est bleue. Cette différence doit être le caractère distinctif
des sexes ; mais j'ignore si c'est celui du mâle ou de la femelle.

---

[1] La figure représente l'oiseau réduit de moitié.

LE GO-RUCK. [1]

PLANCHE LXXXVIII.

Vert foncé mélangé de blanc; peau nue autour des yeux.

Le nom de *Goo-gwar-ruck* que donnent à cet oiseau les naturels de la Nouvelle-Galle méridionale, étant d'une prononciation dure et difficile, j'en ai formé par abréviation celui de *Go-ruck*. Cette espèce est très-nombreuse près les bords de la mer, et se plaît dans les lieux où les habitans se rassemblent. Une agitation continuelle et pétulante est son apanage. Elle est sans cesse en action, soit qu'elle cherche les insectes ou poursuive les mouches dont elle se nourrit, soit qu'elle dispute sa proie, sur-tout le miel à d'autres oiseaux. Les Go-rucks sont souvent aux prises avec les Perroquets à ventre bleu [2] : ce n'est point par le nombre qu'ils leur en imposent, joignant le courage à une extrême mobilité, deux suffisent pour faire abandonner le champ de bataille à des troupes nombreuses.

Cet oiseau a le bec noir; la langue terminée en pinceau; les narines longues; la partie de la tête qui est entre le bec et l'œil, la peau qui entoure ce dernier d'une teinte rougeâtre; la tête, le dessus et le dessous du corps, les petites et grandes couvertures des ailes et la queue d'un vert foncé. La plupart des plumes sont bordées, terminées de blanc, et ont dans leur milieu une raie étroite et longitudinale de la même couleur. Les pennes secondaires sont d'un gris qui incline au violet; les primaires sont brunes et bordées à l'extérieur d'une teinte ferrugineuse; le blanc termine aussi les couvertures supérieures et les pennes caudales. Longueur totale, douze à treize pouces; grosseur de la draine; pieds verdâtres.

Nous sommes redevables à M. Francillon de cette nouvelle espèce, et à M. Parkinson, de tout ce qui concerne son genre de vie, ainsi que celui des précédens.

---

[1] La figure représente l'oiseau réduit de moitié.

[2] Le Perroquet à ventre bleu (Blue-belled parrot, Var. B. Latham, Gen. Synop. *Psittacus hœmatopus.* Gmelin, *Var. C. Syst. nat.*) est de la taille du Perroquet commun, et a quinze pouces de long.

Le Go-ruck? Pl. 88

N'ayant pu nous procurer en nature plusieurs autres espèces qui habitent la Nouvelle-Hollande et la Nouvelle-Galle du Sud, nous nous bornerons à les faire connaître d'après les notes que nous avons reçues d'Angleterre.

Le Dirigand. Tel est le nom que les naturels de la Nouvelle-Galle méridionale donnent à cette espèce. Sa longueur est d'environ cinq pouces. On remarque sur le front et le sommet de la tête des lignes longitudinales noires; au-dessous des yeux une tache jaune, à laquelle succède une autre rougeâtre, et vers le pli de l'aile quelques-unes d'un ton plus pâle; un brun verdâtre domine sur les parties supérieures du corps, et le blanc sur les inférieures, mais il prend un ton sombre sur le ventre; le bec et les pieds sont noirâtres.

Le Verbrun qui habite la Nouvelle-Hollande, a pour chant une espèce de gazouillement continuel. Longueur, six pouces; bec, grêle, noir; langue, ciliée à son extrémité; iris, bleu; dessus du corps, d'un vert inclinant au brun; dessous, jaune pâle; ailes et queue, noirâtres; cuisses, de la même teinte et mélangée de blanc; pieds, bruns.

L'Héoro-taire sanguin habite la Nouvelle-Galle du Sud. Il a le dessus du corps rouge marqué çà et là de quelques taches irrégulières noires, excepté sur le haut de la tête; le menton et la gorge blancs; la poitrine et le ventre d'un brun sale; les pennes des ailes et de la queue noires; les premières bordées de blanc à l'extérieur. Longueur totale, cinq pouces et demi; langue, ciliée à son extrémité; bec, pieds, noirs.

L'Héoro-taire rouge tacheté, est très-rare à la Nouvelle-Galle méridionale, où il ne paraît qu'au printemps. Le rouge, le noir et le blanc sont les seules couleurs de son plumage. Le premier est la teinte principale; le second occupe l'espace qui est entre le bec et l'œil, entoure ce dernier, teint les ailes, la queue, le bec et les pieds, forme six taches sur la poitrine et quelques-unes sur le croupion, couvre le haut et le bas du dos; le blanc domine sur le ventre et le bas-ventre. Taille du Souï-manga à dos rouge; langue ciliée; queue courte. Cet oiseau a une grande analogie avec le Grimpereau noir, blanc et rouge d'Edwards, pl. 81, qui se trouve au Bengale. Il en diffère spécialement par les taches de la poitrine.

L'Héoro-taire ardoisé se trouve dans la même contrée que le précédent. Longueur, sept pouces et demi; bec, brun; langue, ciliée;

dessus du corps couleur d'ardoise; dessous blanc, inclinant au rose sur la poitrine; ailes et queue noirâtres : on remarque quelques taches blanches sur les couvertures des ailes; pieds bruns.

L'Héoro-taire a ailes jaunes se trouve dans le même pays. Il est sans cesse en action; habitude qui lui est très-nécessaire pour se procurer les mouches dont il fait sa principale nourriture. Une tache jaune se fait remarquer sur les oreilles, et au-dessous d'elle un faisceau de plumes noires : le dessus de la tête, le cou, le dos, sont ardoisés; cette teinte incline au jaune sur le croupion; le dessous du corps est d'un blanc sale, coupé de lignes étroites et sombres sur la poitrine; les primaires sont jaunes, de leur base aux deux tiers de leur longueur; la queue est jaunâtre, à l'exception des deux intermédiaires qui sont noirâtres. Longueur, six pouces et demi; bec, noir; langue ciliée.

La femelle a le dessus du corps d'un gris cendré, le dessous d'un blanc jaunâtre avec des taches ferrugineuses sur le bas-ventre; une couleur de rouille remplace le jaune des pennes primaires.

Le Veloce qui habite le même pays, est de tous ces oiseaux d'une extrême mobilité, celui qui est le plus agile et qui a le vol le plus vif. Le miel et les mouches sont sa nourriture : le dessus de la tête et du cou est noir; le dos, le croupion, les ailes et la queue sont bruns; le dessous du corps est blanc; le noir et le blanc se réunissent irrégulièrement sur les côtés du cou. Longueur, cinq pouces neuf lignes; bec, pieds, noirs; langue, ciliée.

L'Héoro-taire a coiffe noire se trouve à la Nouvelle-Galle méridionale. Sa longueur est de cinq pouces trois quarts; le bec est noir, et la langue ciliée; le noir occupe le dessus de la tête depuis la base de la mandibule supérieure, entoure les yeux, et s'étend un peu sur les joues; les parties supérieures du corps, les couvertures des ailes et de la queue sont d'un vert terne; les pennes alaires et caudales, brunes et bordées d'une teinte plus pâle; les côtés et le dessous du cou, la poitrine et les parties subséquentes sont d'un blanc sale; pieds bruns.

Je soupçonne que cet individu est la femelle du Cap-noir, pl. 60, pag. 94.

FIN DE L'HISTOIRE GÉNÉRALE DES GRIMPEREAUX.

OIS. DE PARADIS

HISTOIRE NATURELLE

DES

OISEAUX DE PARADIS.

DISCOURS PRELIMINAIRE,

Par CAMILLE, de Genève.

S'il fallait composer un livre sur la sottise et la crédulité
humaines, les fables qui défigurent les Oiseaux de Paradis,
en fourniraient le meilleur chapitre. Tout ce que l'ignorance
et l'amour du merveilleux ont jamais inventé d'absurde se
trouve réuni dans leur histoire, ou plutôt dans leur roman.
Mais ce que ces erreurs offrent de plus inconcevable, c'est
l'irréflexion qui les fit naître.

De superbes oiseaux desséchés sont apportés des Indes en
Europe. Leurs formes inconnues, la variété, l'éclat de leurs
couleurs, frappent tout le monde : on admire sur-tout le riche
velours de leur tête, ces faisceaux de plumes longues et
transparentes qui tombent en gerbes au-dessous de leurs
ailes, et ces longs filets noirs [1] qui les dépassent de bien loin.
Mais on s'apperçoit qu'ils manquent de pieds et de cuisses:
loin de ne voir qu'une mutilation dans ce retranchement, on
n'hésite point à publier que c'est l'ouvrage de la Nature, que
ces oiseaux naissent sans pieds, et n'ont rien de commun avec
les autres. Les Indiens, pour les mieux vendre, accréditent
l'erreur, et l'Europe l'adopte au point, que le premier qui
soutint que ces oiseaux avaient des pieds, fut traité d'impos-
teur, et presque de sacrilége.

---

[1] Quelques espèces les ont bruns, d'autres verts.

Dès-lors l'imagination ne s'arrêta plus; chacun voulut les douer de quelque qualité surnaturelle, comme autrefois les Fées douaient les Princes. Les uns assurèrent que, privés des moyens de se percher et de se reposer à terre, ils se suspendaient aux arbres avec leurs filets, ainsi que les sapajous avec leurs queues; selon d'autres, ils dormirent, s'accouplèrent, pondirent, couvèrent en volant. On imagina sur le dos du mâle une cavité propre à recevoir les œufs; ou bien l'on supposa que la femelle, après les avoir reçus dans son bec, les emportait sous ses ailes, en s'attachant à son mâle; d'autres, ne sachant où ils se retiraient dans le temps de la ponte, les envoyèrent nicher au Paradis terrestre. Leur manière de se nourrir ne fut pas moins extraordinaire. Ils ne mangèrent point; n'ayant nul besoin de digérer ni d'évacuer, ils n'eurent dans l'abdomen qu'une substance grasse et moelleuse, et ne vécurent que de rosée. Cependant leur bec vigoureux et bien fendu paraissait destiné à un emploi très-différent.

Mais de nouveaux Voyageurs découvrirent leur patrie. On sut qu'ils habitaient sous l'équateur les îles d'*Arou* et la *Nouvelle-Guinée*, qui ne sont point le Paradis terrestre; on sut que leur mutilation était due aux insulaires, qui, les employant à leur parure, ne les desséchaient qu'après leur avoir écrasé la tête, alongé le corps, et arraché les entrailles et les cuisses. On sut enfin que ces oiseaux célestes, ces innocens volatiles, qui ne vivaient que de rosée, de vapeurs, d'émanations suaves, étaient tout simplement des oiseaux de proie fort gloutons, doués de pieds très-solides, dévorant les petits oiseaux et les gros papillons, et de plus, si avides d'épiceries, qu'ils ne s'écartent point des contrées où elles croissent, et ne se rencontrent même pas dans les îles voisines qui en sont privées. C'est donc bien sans raison que quelques Auteurs les ont pris pour le PHŒNIX. Au dire même des Anciens, le *Phœnix* n'habitait que l'Égypte et l'Arabie, tandis que ces oiseaux ne s'y montrent jamais. D'ailleurs, inventé par les Égyptiens, le Phœnix n'était chez eux que le symbole de la grande année. Quel rapport pouvait exister entre cet ingénieux emblême et des contes insensés?

Il résulte de ce que nous venons de dire, que ces oiseaux ne diffèrent des autres que par l'arrangement singulier de leurs plumes et leur extrême beauté, et que les noms d'*Oiseaux de Paradis*, de *Manucodes* ou *Oiseaux de Dieu*, dérivant de qualités miraculeuses, ne sont dus qu'à l'ignorance et au charlatanisme.

Ces oiseaux ne sont pas les seuls sur lesquels on ait tant déraisonné, et que des Naturalistes, respectables d'ailleurs, aient décrits avec des formes et des propriétés non moins étranges. On eût évité ce ridicule, si l'on s'était persuadé que la Nature n'a formé aucune espèce monstrueuse ; qu'un accident seul peut produire un monstre ; mais que cet individu ou ne vit pas long-temps, ou est dans l'impuissance de se perpétuer.

Les mœurs et les habitudes des Oiseaux de Paradis sont encore bien peu connues. Quelques Voyageurs ont côtoyé seulement leurs îles, qui, par un contraste bizarre, réunissent les productions les plus belles et les plus riches, et des habitans affreux. Ces insulaires Noirs, à cheveux roux, ne laissent point pénétrer chez eux : ils se réservent à eux seuls la chasse de ces oiseaux et le droit de les vendre. On ne peut donc point animer leur histoire de ces détails gracieux qui rendent si intéressante celle de nos oiseaux d'Europe : on ne les observa jamais dans le temps des amours ; on ne les vit jamais arrondir de concert sous le feuillage le léger berceau de leur famille. L'incubation, les soins maternels, le premier essor, n'ont pas été plus apperçus. On a seulement appris des habitans d'Arou que quelques espèces fréquentaient par choix les buissons, tandis que d'autres recherchaient les forêts, et habitaient les arbres les plus élevés, sans toutefois se percher à leur cime. C'est là que les Indiens, au moyen de huttes légères qu'ils construisent sur les arbres mêmes, et où ils se tiennent cachés, les attendent et les tuent avec des flèches émoussées. Quelquefois ils les prennent au piége, soit avec une sorte de glu tirée du fruit de l'arbre à pain, soit avec certaines petites baies qui les enivrent.

Quelques-uns de ces oiseaux volent par troupes : les Emeraudes, entr'autres, se réunissent au nombre de trente à quarante. Ils sont conduits, dit-on, par un autre bel oiseau, que les habitans d'Arou nomment LE ROI. Dans la saison des muscades, fruit qu'ils aiment beaucoup, et dont ils mangent jusqu'à l'ivresse, on les voit par vols aussi nombreux que ceux de nos Grives à l'époque des vendanges. Quoique d'un naturel voyageur, ils ne s'éloignent guère : l'Archipel des Moluques et la Nouvelle-Guinée bornent leurs plus longs voyages. Ils ne sauraient braver l'impétuosité des vents. La quantité, la souplesse, la longueur de leurs plumes, leur permettent bien de s'élever très-haut, de se soutenir dans les airs, de les fendre avec rapidité ; mais si le vent leur devient contraire, s'ils sont surpris d'une bourasque imprévue, leurs touffes de plumes longues et flexibles se bouleversent et s'enchevêtrent ; l'oiseau ne peut plus voler ; des cris aigus et répétés annoncent sa détresse ; il lutte en vain contre l'orage, il chancèle et tombe. Les Indiens, que ses cris attirent, le saisissent. Ainsi cette richesse de plumage, cette beauté qui le rendait le charme des yeux, est bien souvent la cause de sa perte.

~~~~~~

CARACTÈRES GÉNÉRIQUES.

LE bec en cône alongé, droit, très-pointu, un peu comprimé par les côtés; les plumes de sa base tournées en arrière, et laissant les narines à découvert [1]; deux plumes au-dessus de la queue plus longues que tout l'oiseau, et n'ayant de barbe qu'à leur bout et à leur naissance; quatre doigts, trois devant, un derrière, tous dénués de membrane, et séparés environ jusqu'à leur origine, les jambes couvertes de plumes jusqu'au talon : tels sont les caractères que Brisson donne à ce genre. Selon Linné et Gmelin, le bec est un peu en couteau; les plumes de la base du bec sont serrées comme du velours, et celles des côtés du corps longues. A ces différens traits, Latham ajoute, les narines petites et cachées par les plumes [2]; la queue composée de dix pennes; les deux du milieu, dans quelques espèces, très-longues, barbues seulement à la base et à l'extrémité; les jambes et les pieds fort grands et robustes; le doigt du milieu joint à l'extérieur aussi loin que la première articulation [3].

Les espèces que je décris dans cet Ouvrage ont été nommées Oiseaux de Paradis, et rangées dans le même genre par quelques Auteurs. Cependant plusieurs diffèrent par la forme du bec [4]. Le Sifilet a l'arête du bec tranchante; elle est arrondie dans l'Emeraude; le Hausse-col doré, ou l'Oiseau de Paradis noir, a le bec effilé et très-comprimé. Les narines du Manucode sont couvertes de plumes; celles du Magnifique ne le sont qu'à demi; l'Emeraude les a découvertes : enfin, plusieurs d'entre eux se trouvent privés de ces longs filets; caractère distinctif du genre, selon quelques Méthodistes, mais d'après lequel on ne connaîtrait jusqu'à présent que cinq vrais Oiseaux de Paradis. Ceux-ci n'ont que dix pennes à la queue; car les filets n'en font point partie, puisqu'ils prennent naissance au-dessus du croupion; les autres, qui en sont privés, ont

---

[1] Ce caractère appartient à l'Emeraude, et ne doit pas être généralisé, comme on le verra ci-après.

[2] Il en est de même pour celui-ci. Le Manucode seul a les narines totalement cachées.

[3] Ce dernier caractère existe réellement dans ceux que j'ai examinés. C'est pourquoi il est essentiel de le connaître, pour vérifier si les pieds de ces oiseaux empaillés leur appartiennent.

[4] Aucuns Méthodistes ci-dessus cités ne parlent de l'échancrure qui est à l'extrémité de la mandibule supérieure. Elle est plus ou moins apparente dans quelques-uns.
~~~~~~

douze pennes [1]. Cependant on a rangé ces derniers dans le même genre, sans doute parce qu'ils avaient les plumes courtes, serrées, veloutées sur différentes parties de la tête ; longues, soyeuses sur quelques parties du corps, et quelque rapport dans la forme du bec. De plus, Edwards et Latham ont rangé parmi eux l'Oiseau de Paradis orangé [2], quoiqu'écarté par d'autres [3]. « Montbeillard le place entre les Rolliers et » ceux-ci, parce qu'il lui paraît avoir la forme des premiers, et se rap- » procher des derniers par la petitesse, la situation des yeux au-dessus, » et fort près de la commissure des deux pièces du bec, et par l'es- » pèce de velours naturel qui recouvre la gorge et une partie de la tête ».

---

[1] J'ai examiné la queue de plusieurs de ces oiseaux. J'ai vu que ceux à deux filets n'avaient que dix pennes ; les autres douze. Cependant je crois qu'on ne doit pas se presser d'indiquer pour caractère distinctif un nombre quelconque, d'après des dépouilles presque toujours imparfaites.

[2] Golden Paradise bird.

[3] Troupiale des Indes. Brisson. *Oriolus aureus.* Linné, Gmelin.

L'Emeraude.

HISTOIRE NATURELLE

DES

OISEAUX DE PARADIS.

L'ÉMERAUDE.

PLANCHE I. [1]

Plumes *subalaires* plus longues que la queue, deux longs filets ou pennes naissant au-dessus du croupion, dépassant la queue de plus d'un pied; gosier d'une belle couleur d'émeraude.

L'Oiseau de Paradis. Brisson, Ornith. Buffon, Ois. — Paradisea apoda. Linné. Gmelin, *Syst. nat.* — Greater bird of Paradise. Edwards, Av. — Greater Paradise bird. Latham, *Synop.* — Great bird of Paradise from aroo. Forrest, Voy. [2]

Cette espèce ne se trouve point dans l'île Key, mais dans celles d'Arou, qui sont plus éloignées de Banda d'environ 15 milles du côté de l'est [3]. Elle y passe la mousson sèche ou de l'ouest, et retourne à la Nouvelle-Guinée au commencement de la mousson pluvieuse ou d'est, époque où ce vent, très-favorable pour leur retour, commence à souffler. Les bandes,

---

[1] La figure représente l'oiseau réduit à moitié de sa grandeur.

[2] Les Portugais les nomment *Passaros da sol* (oiseaux du soleil); les habitans de Ternate, *Burong-papua* (oiseaux des Papoux), *Manuco-dewata* (oiseaux de dieu), dont Montbeillard a fait le nom de *Manucode*, qu'il a donné à plusieurs espèces. D'autres les nomment *Soffu* ou *Sioffu*: ceux d'Amboine, de Banda, *Mami-Key-Arou* (oiseaux des îles Key et Arou), parce qu'ils y sont apportés par les natifs de ces îles, qui les appellent *Fanaan*.

[3] Valentyn, dans le Voy. de Forster.

comme on l'a dit , de trente à quarante, voyagent sous la conduite d'un oiseau d'un plumage différent [1], auquel les habitans ont donné le nom de Roi, sans doute parce qu'il est toujours à leur tête, et s'élève constamment plus haut que les autres. Ceux-ci ne s'en séparent jamais, soit qu'il vole, soit qu'il se repose ; mais cet attachement pour leur guide les met quelquefois en danger, quand il se pose à terre ; car ils ne peuvent se relever que très-difficilement , d'après le grand nombre, la position et la longueur des plumes *subalaires*. Les Indiens qui les guettent, les prennent, et les tuent. Cette chasse leur est d'autant plus avantageuse, qu'alors le plumage n'est pas endommagé, comme il arrive souvent à ceux qu'ils se procurent d'une autre manière. Le bec de cet oiseau fort et robuste exige de la précaution, lorsqu'on le prend vivant : c'est pour lui une arme défensive dont il se sert avec courage.

L'Emeraude aime à se percher sur les arbres élevés des îles d'Arou, particulièrement sur le *waringha* à petites feuilles et à fruits rouges [2], dont il se nourrit. Son cri ressemble au croassement du corbeau. Le volume de ses plumes le fait paraître aussi gros qu'un pigeon ; mais il ne l'est pas plus qu'un merle , lorsqu'il en est dépouillé. Durant la mousson de l'est, à ce que rapportent les habitans d'Arou, cet oiseau est privé de ses très-longues plumes, qui, dans l'espace de quatre mois, pendant la mousson de l'ouest , sont remplacées par de nouvelles. Montbeillard et plusieurs Auteurs le caractérisent en lui donnant la tête fort petite à proportion du corps, et les yeux encore plus petits. Mais je crois qu'on ne peut rien décider d'après des têtes comprimées ou privées du crâne ; d'autres lui donnent la grosseur de celle du Choucas ; ce qui me paraît vraisemblable et mieux proportionné.

Sa longueur est de 12 pouces 8 lignes depuis le bout du bec jusqu'à celui de la queue [3] ; les mandibules sont d'un jaune verdâtre, et ont 18 lignes;

---

[1] Il est noir avec des taches rouges. Valentyn.

[2] Ficus Benjamina. Hort. Malab. 113, f. 35. Rumph. Amboin. 3, f. 90. Forster.

[3] Latham lui donne 12 pouces et demi anglais. Cette mesure se rapporte assez à celle que j'ai prise sur quelques individus. Mais ceux qui connaissent ces oiseaux dans l'état où on les voit en Europe, savent qu'on ne peut se fier à des dimensions prises sur des dépouilles aussi déformées. C'est pourquoi on ne doit pas s'étonner si je diffère des Auteurs, non-seulement dans les proportions, mais encore dans la description de leurs couleurs. Des oiseaux ainsi mutilés ne peuvent donner une idée certaine de leur longueur et de leur grosseur. Pour avoir de justes proportions, il faudrait les observer dans leur pays natal. Mais aucun Européen, jusqu'à présent, ne les ayant vus vivans, tout ce qu'on peut en dire se borne à des conjectures. Enfin, des plumes à reflets variés, dont les couleurs ont perdu plus ou moins d'éclat, soit par vétusté, soit par les apprêts qu'on leur a fait subir, ne peuvent être parfaitement ni également jugées.

la supérieure est un peu échancrée à son extrémité. Les plumes qui en couvrent les bases ont la douceur, la beauté du velours, et sont d'un noir changeant en vert foncé : celles du cou et du sommet de la tète sont d'un jaune pâle. Une belle couleur verte à reflets métalliques et dorés orne le menton et le gosier. La gorge, une partie de la poitrine sont revêtues d'un brun violet velouté ; toutes les plumes sont droites, courtes, serrées ; mais sur le reste de la poitrine et le ventre, elles sont plus longues, soyeuses, moins pressées, et d'un marron foncé qui s'éclaircit sur le dos, le croupion, les ailes et la queue. Les plumes *subalaires* d'inégale longueur, décomposées, transparentes, se réunissent en masse sur chaque côté, et s'étendent dessus et dessous la queue ; leur couleur est d'un blanc sale et d'un rouge vineux vers leur extrémité, sur les barbules seulement. Cependant on remarque quelques taches rouges sur les moins longues ; les deux filets ne sont point nus, quoiqu'ils le paraissent à l'œil ; on s'en apperçoit au toucher, en passant le doigt dessus à rebours. Leurs barbes sont duveteuses à la naissance, ensuite roides, très-courtes, plus longues à l'extrémité ; ce qui leur donne la forme d'une palette étroite et alongée. La couleur des uns et des autres est brune. Les pieds sont robustes et de la couleur du bec, ainsi que les ongles qui sont longs.

Les Indiens disent que la femelle est plus petite [1] ; Brisson, qu'elle diffère du mâle, en ce que les barbes de l'extrémité des filets sont beaucoup plus courtes. Gmelin ajoute que ces filets sont plus courts, nus et droits.

Cet oiseau est dans la collection d'Audebert.

---

[1] J. Otton Helbigius.

LE PETIT ÉMERAUDE.

PLANCHE II. [1]

Dos d'un marron clair ; poitrine d'un brun rouge foncé ; plumes subalaires d'un beau blanc mélangé de jaune-clair ; deux longs filets.

Smaller bird of Paradise from papua. Forrest, Voy. — Lesser Paradise bird. *var.* A. Latham, *Synop.* — Paradisea apoda var. Gmelin [2].

O*N* croyait autrefois que cette espèce habitait le *Gilolo* ou l'*Halamahera*, et les îles adjacentes au sud et sud-est ; mais on est certain présentement qu'on ne les trouve que dans les îles des Papoux. Le petit Emeraude doit suivre immédiatement le grand, dont il n'est, selon plusieurs Auteurs, qu'une variété ; mais Valentyn [3] en fait une espèce. Les Indiens l'ont distinguée de la précédente par des noms particuliers ; et comme elle n'a point, d'après les rapports des habitans de *Missowal*, l'habitude d'émigrer, cela suffirait pour l'en séparer ; de plus, elle est d'une taille inférieure ; elle porte un plumage autrement coloré sur quelques parties du corps, et ces couleurs sont constantes dans tous les individus : c'est pourquoi je pense qu'on ne peut en faire une variété [4]. Je la regarde donc comme une espèce particulière, mais aussi rapprochée de l'autre que l'est le Freux de la Corbine. Ces oiseaux habitent les îles *Missowal* (*Mixoal, Maysol*), et y restent pendant toute l'année. Ils ont aussi leur roi ou conducteur, qui diffère

---

[1] La figure représente l'oiseau réduit d'un tiers de sa grandeur.

[2] Les peuples de Ternate et de Tidor le nomment *Toffu* ; les Papoux, *Shag* ou *Shague* ; les Indiens de l'est de *Ceram, Samaleik*, et ceux de *Serghile* dans la Nouvelle-Guinée, *Tshakke*.

[3] Voy. de Forrest, où Valentyn confirme ce qu'a dit Clusius, qu'il y avait deux espèces d'Oiseaux de Paradis, l'une attachée à l'île d'Arou, et l'autre, plus petite, à la partie de la terre des Papoux, qui est voisine de Gilolo.

[4] Ce mot, auquel les Naturalistes ont donné une grande étendue, puisqu'ils ont fait des variétés d'individus, d'âge, d'espèces et de climat, ne doit signifier, selon moi, que diversité de couleurs dans le plumage des oiseaux de la même espèce, et ne doit s'appliquer qu'à l'individu dont les couleurs ont varié accidentellement.

Le petit Emeraude. Pl. 2

de celui de l'espèce précédente. (Il est noir, et a les ailes pourprées.)
Ils se perchent et nichent sur les arbres les plus élevés de ces régions
montagneuses. C'est là que les *Alfhuris* les trouvent. Leur nourriture
commune est le fruit d'un arbre nommé *Tsampeda*, qu'ils perforent avec
leur bec pour en extraire la pulpe. Le mâle se distingue de la femelle par
un bec et un cou plus longs. Cet oiseau a 16 pouces et demi depuis le bout
du bec jusqu'à celui des plumes *subalaires*, et 9 pouces 3 lignes jusqu'à
l'extrémité de la queue. Les mandibules ont 14 lignes, sont noirâtres
jusqu'aux deux tiers sur les côtés, jaunâtres sur l'autre et le milieu de la
supérieure. (Telles sont les dimensions et les couleurs du bec de l'individu dessiné pour cet ouvrage. Valentyn dit qu'il a 20 pouces anglais
de longueur; que le bec est de couleur de plomb, plus pâle vers l'extrémité.) Les plumes de la base du bec, l'espace entre celui-ci et les yeux
sont d'un noir de velours, changeant faiblement en vert. Cet oiseau a
le dessus de la tête, les plumes auriculaires, le dessus du cou, le haut
du dos pareils au précédent. Cependant la couleur est plus claire sur
cette dernière partie; le gosier est d'un vert éclatant. Le brun rouge
domine aussi sur la partie inférieure du dos, sur les ailes et la queue,
mais est plus foncé sur la gorge et la poitrine; les petites couvertures des
ailes sont jaunes; les plumes *subalaires* d'un blanc sale, n'ont pas, comme
celles du précédent, une couleur vineuse à leur extrémité, mais leur tissu
est plus fin. Plusieurs des petites plumes ont l'extrémité rouge; les pieds
sont d'un blanc jaunâtre. Quoique les deux brins ou filets dans ceux
que j'ai observés, aient l'extrémité sans barbes, et soient terminés en
pointe, je crois qu'ils doivent finir comme ceux du précédent. Plusieurs
individus même sont entièrement privés de ces filets, parce que généralement les Indiens de leur pays les arrachent.

Cet oiseau a été communiqué par Becœur.

LE PARADIS ROUGE.

PLANCHE III.

Tête huppée; plumes subalaires d'un rouge vif; deux longs filets nus partant du bas du dos.

Paradisea rubra.

Cᴇᴛ oiseau , extrêmement rare, est très-peu connu. Sa longueur jusqu'à l'extrémité de la queue est de près de 9 pouces, et jusqu'à celle des plumes subalaires de 12 à 13. Le bec long d'un pouce, est de couleur de corne; la taille, la huppe, les couleurs et la forme des deux filets ne permettent pas de douter qu'il ne soit d'une espèce très-distincte des deux précédentes. Un noir de velours couvre son front et son menton; les plumes du sinciput plus longues que les autres, forment une petite huppe séparée en deux parties par le milieu. Ces plumes, le dessus du cou, le gosier sont d'un vert doré et de même forme que celles du précédent, c'est-à-dire serrées, fermes et veloutées; le jaune couvre le dessus du cou, le haut du dos, le croupion, les côtés de la gorge et une partie de ceux de la poitrine ; la partie inférieure de cette dernière, le ventre , les ailes et la queue sont d'une couleur brune plus claire sous le bas-ventre, et plus foncée sur la poitrine ; les plumes subalaires sont conformées comme celles du précédent; mais les deux filets de 22 pouces en diffèrent, étant très-lisses, d'un noir brillant, convexes en dessus, concaves en dessous, et terminés en pointe. Cependant on remarque à leur racine quelques barbes très-courtes et très-fortes.

L'individu qu'on a dessiné était privé d'ailes et de pieds; ce qui arrive souvent aux Oiseaux de Paradis. Comme les ailes sont presque toujours pareilles à la queue, et les pieds au bec , on s'est déterminé à les dessiner avec les mêmes couleurs, afin de ne pas donner la figure d'un oiseau dégradé.

Cet oiseau est au Muséum d'Histoire Naturelle.

Le Paradis rouge. Pl. 5

Le Magnifique. 921. R.

LE MAGNIFIQUE.

PLANCHE IV.

Deux touffes de longues plumes jaunes, étroites sur le haut du cou; deux longs filets barbus sur un seul côté.

Le Magnifique. Sonnerat, Voy. Buffon, Ois. — Magnificent bird of Paradise. Latham, *Synop.* — *Paradisea magnifica.* Gmelin, Syst. nat.

CET oiseau se distingue aisément des précédens par la position et la forme de ses deux faisceaux de plumes. Le premier est sur le cou et près de sa naissance; les plumes qui le composent, écailleuses, roussâtres et tachetées à leur extrémité, ne sont pas couchées; elles se relèvent sur leur base; mais moins à mesure qu'elles s'éloignent de la tête. Celles du second sont plus longues, d'un jaune-paille, plus foncées vers leur sommet, et couchées négligemment sur le dos : elles sont toutes coupées carrément. Ce qui le rapproche davantage des autres, ce sont deux filets, d'un pied environ, prenant naissance au-dessus du croupion, cerclés, de couleur verte, et finissant en pointe. Ils diffèrent de ceux des précédens, en ce qu'ils n'ont de barbes qu'à l'extérieur. Ces barbes sont très-fines, vertes et tassées. Sa longueur est de 6 pouces et demi; le bec a 11 lignes; il est d'un jaune pâle, noir à sa base et sur le bord des mandibules; les plumes qui couvrent en partie les narines, la base du bec, le menton, sont courtes, épaisses, et dominent un peu les autres. Celles du sommet de la tête, de l'occiput, sont d'une couleur carmélite. Cette couleur et le bleu colorent le milieu de la gorge, ainsi qu'une partie de la poitrine, et se trouvent distribués de manière que les plumes sont bleues dans le milieu, vertes à la base et à l'extrémité; étant couchées les unes sur les autres, elles présentent des lignes transversales, alternativement de chaque couleur. Les côtés sont d'un vert-bouteille, ainsi que le reste de la poitrine; le ventre est couvert de plumes larges, terminées de bleu-vert; les grandes couvertures des ailes sont d'un carmélite brillant; les pennes brunes à l'intérieur, jaunes à l'extérieur, s'étendent presque jusqu'au bout de la queue qui est de la première couleur; le dos, le croupion sont pareils à la tête; les pieds d'un brun jaune.

Cet Oiseau est dans le Muséum d'Histoire Naturelle.

LE MANUCODE.

PLANCHE V.

Touffes de six à huit plumes, larges sur les côtés du ventre, moins longues que la queue; ailes la dépassant; deux filets terminés en boucles; narines couvertes de plumes.

Le petit Oiseau de Paradis. Brisson, Ornith. — Le roi des Oiseaux de Paradis. Sonnerat, Voy. — Le Manucode. Buffon, Ois. — *Paradisea regia.* Linné. Gmelin, *Syst. nat.* — King Paradise bird. Latham, *Synop.* — King's bird. Forrest, Voy.

Les Auteurs et les Voyageurs que je viens de citer n'ont sans doute classé cette espèce parmi les Oiseaux de Paradis, que d'après la forme du bec, les faisceaux de plumes et les filets particuliers à ce genre; car le Manucode en diffère par ses habitudes, selon Valentyn, et par son physique, selon Montbeillard, qui a fort bien observé qu'il a les narines couvertes de plumes, le bec plus long à proportion, et que ses ailes dépassent la queue qui est très-courte. Clusius regarde cet oiseau comme le conducteur d'une des deux espèces d'Emeraudes. C'est ce qui lui a valu le nom de roi des Oiseaux de Paradis, à Amboine et Banda, où on l'apporte de *Sop-clo-o*, l'une des îles Arou, et spécialement de *Wood-jir*, bourgade très-connue. Il se trouve principalement dans cette île; mais seulement pendant la mousson de l'ouest; il y vient de la Nouvelle-Guinée, à ce que disent les natifs. On ignore jusqu'à présent quel est son chant ou son cri, l'endroit où il niche et élève ses petits; ce qui fait présumer qu'il se retire dans des endroits écartés de toute habitation. Son caractère insociable, puisqu'il vit absolument seul, en est un indice. Il s'élève peu, voltige de buissons en buissons pour chercher les baies rouges dont il fait sa nourriture, et ne se perche jamais sur les grands arbres. Les Aborigènes lui tendent divers piéges, le prennent dans des lacets faits avec une plante qu'ils appellent *gummatty*, ou avec de la glu qu'ils tirent du *sukkom* [1]. Sa dépouille sert de parure aux Indiens

---

[1] Fruit à pain. *Artocarpus communis.* Forster. nov. gen.

Le Manucode. Pl. 5

dans leurs fêtes et leurs combats simulés. Ceux d'Arou le nomment *Wowi wowi* , et les Papoux, *Sop-clo-o.*

Sa longueur est de 5 pouces et demi jusqu'au bout de la queue ; son bec a 11 lignes ; l'iris est jaune ; une petite tache noire est derrière les yeux, sur le bord de la partie supérieure ; un bel orangé velouté couvre le dessus de la tête ; un mordoré brillant, satiné, pare le dessus du cou et la gorge qui présente cette couleur un peu plus foncée. Entre celle-ci et la poitrine, il y a une raie transversale blanchâtre , suivie d'une bande large d'un vert doré à reflets métalliques [1] ; le ventre , les couvertures inférieures de la queue sont d'un gris blanc ; du dessous des ailes, sur chaque côté du ventre, sortent de longues plumes grises à leur base, et dans la plus grande partie de leur longueur ; mais traversées ensuite par deux lignes, dont l'une est blanche, et l'autre très-étroite, d'un beau roux ; toutes sont terminées par une riche couleur de vert d'émeraude ; un rouge velouté embellit les couvertures et les pennes des ailes : celles-ci sont jaunes en dessous. La queue d'un brun rouge , est composée de dix pennes ; les deux filets qui paraissent remplacer les intermédiaires sont rouges , plus courts que dans les précédens et garnis de barbes : ils se reploient sur eux-mêmes en dedans, vers leur extrémité , et forment un rond dont le centre est vide. Ce cercle est d'un vert d'émeraude à reflets dorés ; les pieds sont d'un brun jaunâtre.

Cet oiseau est dans la collection de Dufrêne.

---

[1] Sur quelques individus, il y a une petite bande jaune avant celle d'un vert doré, et le ventre est mélangé de vert et de blanc. **Latham.**

LE SIFILET.

PLANCHE VI.

Petite huppe s'étendant peu au-delà des yeux; trois filets de chaque côté de la tête, naissant près des oreilles; plumes subalaires recouvrant les ailes.

L'Oiseau de Paradis à gorge dorée. Sonnerat, *Voy.* — Le Sifilet ou Manucode à six filets. Buffon, *Ois.* — Gold breasted Paradise bird. Latham, *Synop.* — *Paradisea aurea.* Gmelin, *Syst. nat.*

Si des couleurs brillantes et riches, si une forme extraordinaire et des plumes très-abondantes sont l'apanage des Oiseaux de Paradis, celui-ci mérite d'être rangé dans cette classe, car il possède éminemment ces trois principaux attributs. Il les posséderait même tous, s'il n'était privé des deux longs filets sur la queue. Sa tête est ornée d'une huppe composée de plumes fines, roides et peu barbues, prenant naissance sur la base du bec. Cette huppe se meut à la volonté de l'oiseau ; elle est d'abord noire, ensuite mélangée de blanc; d'où il résulte un gris perlé : des touffes de plumes noires, à barbes désunies et séparées , partent des côtés du ventre, sous les ailes, les recouvrent dans l'état de repos, et ont une direction relevée. Celles de la gorge, étroites à leur base, larges à leur extrémité, sont d'un beau noir de velours dans leur milieu, et d'un vert doré changeant en violet sur les côtés; mais l'ornement qui distingue sur-tout ce superbe oiseau, ce sont trois filets noirs de 5 à 6 pouces de longueur, qui naissent de chaque côté de la tête, et se terminent par des barbes plus longues que les autres, qui, en s'épanouissant, donnent à l'extrémité une forme ovale; la queue étagée, est composée de douze pennes d'un ton de velours, le plus beau, le plus moelleux : plusieurs de ces pennes ont les barbes longues, séparées et flottantes ; derrière la tête se trouve un collier de même couleur que la gorge ; le dos et les ailes sont d'un beau noir foncé. Sa grosseur est celle d'une tourterelle ; sa longueur de 10 à 11 pouces. Il a l'iris jaune, le bec noir et long de 15 lignes , et les pieds noirâtres.

Le Sifilet. Pl. 66.

Cette espèce se trouve à la Nouvelle-Guinée. Sonnerat fait mention d'un oiseau figuré par *Marvi*, qui diffère de celui-ci, en ce qu'il n'a ni huppe, ni plumes *subalaires*. M. Latham parle d'un autre qui approche beaucoup de ce dernier, mais qui est privé des six filets. Cependant, dit-il, on en découvre l'apparence, les plumes qui sont sur les oreilles étant plus longues que les autres. Cet oiseau manquait aussi des plumes *subalaires ;* mais cet Auteur présume qu'elles avaient été arrachées, ou que cela marquait peut-être une différence d'âge ou de sexe. Enfin, Forster [1] paraît rapporter à cet oiseau le petit Oiseau de Paradis noir de Valentyn (n°. 4), auquel il manquait les six filets. Si cela est vrai, cette espèce habiterait l'île de *Messowal*, où les *Alfhuris* les tuent dans la partie montagneuse.

Cet oiseau est dans le Muséum d'Histoire Naturelle.

---

[1] An Essay on India by John Reinhold Forster. Indian Zoology.

LE SUPERBE.

PLANCHE VII.

Petite huppe noire sur la base de la mandibule supérieure; plumes longues sur les épaules, formant une espèce de manteau; ayant, à la vue et au toucher, l'éclat, le moelleux du velours, à reflets violets; 12 pennes à la queue; point de filets.

Oiseau de Paradis à gorge violette, surnommé le Superbe. Sonnerat, Voy. — Le Manucode noir de la Nouvelle-Guinée, dit le Superbe. Buffon, Ois. — Superb Paradise bird. Latham, *Synop.* — *Paradisea superba.* Gmelin, *Syst. nat.*

JE crois que cette espèce n'a point de filets, quoiqu'en disent Montbeillard et Forster [1], puisqu'elle a 12 pennes à la queue, et que celles à filets n'en ont que dix. C'est ce que j'ai observé dans les individus que j'ai décrits ci-dessus. Cependant on ne doit regarder cette opinion que comme une conjecture de ma part, fondée sur ce que tous ceux qu'on a vus en Europe en étaient privés. M. Latham fait mention à l'article de cet oiseau, d'un individu à-peu-près de même taille, qui a beaucoup de rapport avec lui et qui est dans le Muséum Leverian [2] : mais il faut

---

[1] Le premier soupçonne que l'individu qu'il décrit a perdu ses longues plumes par quelqu'accident. Le second dit que c'était un jeune ou un vieux dans l'état de mue, ou une femelle. Il se fonde sur ce que le grand Oiseau de Paradis noir de Valentyn, auquel il le rapporte, a de longs filets à la queue. Mais est-ce bien le même? car il a quatre palmes de longueur. Voyez sa description dans le Voyage de Forrest (n°. 5), sous le nom de *Greater black Paradise bird.*

[2] L'OISEAU DE PARADIS A QUEUE FOURCHUE. C'est ainsi que des Auteurs modernes ont nommé cet oiseau, dont ils ont fait une espèce d'après M. Latham, qui le premier l'a donné dans son *Système d'Ornithologie,* quoiqu'il l'eût d'abord rapporté au Superbe, dans son Abrégé général (*General Synopsis of birds*). Ce rapport est juste; car d'après la description qu'il en fait, on reconnaît aisément que c'est le même oiseau, mais imparfait. Il paraît qu'il ne connaissait pas au Superbe cet assemblage de plumes longues qu'il a sous le corps, et qui finit en forme de fourche; puisqu'il ne le décrit pas avec cet attribut : comme il en parle dans la description de celui-ci, c'est probablement ce qui l'a décidé à en faire une espèce particulière, mais qui n'en est pas une d'après ce que je viens de dire, et à la nommer, pour la distinguer de l'autre, *Paradisea furcata :* ce nom ne désigne pas, ce me semble, un oiseau à queue fourchue, comme l'ont appelé les Auteurs français, puisqu'il ne parle pas de cette partie de l'oiseau dans sa description anglaise (Voyez *pag. 480, vol. 2, General Synops*), ni dans sa phrase latine (Voyez *Syst. Ornith. gen. 17, sp. 8.*). Mais ce mot doit s'appliquer à cette touffe de plumes qui finit en queue d'hirondelle, ou en forme d'une queue fourchue.

Le Superbe. Pl. 7

qu'il soit privé de filets, puisque cet Ornithologiste, très-exact dans ses descriptions, n'en parle pas. Si le rapprochement de Forster est juste, cette espèce se trouve dans la partie de la Nouvelle-Guinée appelée *Serghile*, d'où les habitans en portent à *Salawat*, dans des bambous creux, après les avoir fait sécher à la fumée autour d'un bâton, et leur avoir ôté les ailes et les pieds. Ils prennent en échange des haches et des étoffes grossières. Les Papoux nomment ces oiseaux *Shagawa*, ou autrement Oiseaux de Paradis de *Serghile*. A Ternate et Tidor, on les appelle *Soffo-o kokotoo*, Oiseaux de Paradis noirs.

Le Superbe a 8 pouces 8 lignes de longueur; le bec de 14 lignes est noir; la gorge de même couleur changeant en violet; les plumes qui partent de sa partie supérieure recouvrent l'inférieure et le haut de la poitrine; ensuite s'écartant sur les côtés du ventre, laissent le milieu à découvert, et finissent exactement comme la queue de l'hirondelle. Ces plumes, plus longues que les autres, sont d'un vert bronzé changeant en violet; le ventre est noir; le dos, le croupion, les ailes, les couvertures et pennes de la queue sont de la même couleur, mais à reflets violets, selon la direction de la lumière; les ailes, lorsqu'elles sont pliées, atteignent le milieu de la queue, dont les pennes intermédiaires sont d'un noir velouté à reflets violets, avec une légère teinte de vert. Les pieds sont noirs.

Cet oiseau est dans le Muséum d'Histoire Naturelle.

LE HAUSSE-COL DORÉ.

PLANCHES VIII, IX. [1]

Deux touffes de plumes longues, effilées, soyeuses, partant du dessus des yeux, et s'étendant sur les côtés du cou; queue très-longue, étagée et composée de douze pennes.

Gorget bird of Paradise. Latham, *Synop.* -- *Paradisea nigra.* Gmelin, *Syst. nat.*

J'ai préféré pour cet oiseau le nom de Hausse-col doré que lui donne M. Latham, à celui d'Oiseau de Paradis noir, puisqu'il n'est point noir, quoiqu'il le paraisse au premier coup-d'œil. On ignore le pays qu'il habite. Cet Auteur, le seul qui l'ait décrit jusqu'à présent, se borne à dire que M. Joseph Banck se l'est procuré dans le Voyage autour du monde. Sa longueur depuis le bout du bec jusqu'à l'origine de la queue, est de 7 pouces et demi [2] : cette dernière a 21 pouces; le bec long de 15 lignes, est noir, ainsi que les pieds; les plumes des touffes, de 14 lignes dans leur plus grande longueur, ont à l'œil et au toucher la douceur et la beauté du velours; la tête est d'un noir changeant; les plumes de l'occiput, du dessus du cou, du haut du dos, sont d'un vert doré changeant en violet, selon la direction du jour : ces plumes, étroites à la base, larges et arrondies à leur extrémité, sont rangées les unes sur les autres, comme des écailles de poisson. Celles de la gorge et de ses côtés ont la même forme, et présentent une couleur de cuivre de rosette, à reflets dorés sous divers aspects; un très-beau vert couvre les côtés du ventre et de la poitrine; les pennes des ailes sont noires : cette couleur se change en violet sur les secondaires : celles de la queue ont les barbes extérieures noires, et les intérieures violettes

---

[1] Cet oiseau est figuré aux deux tiers de sa longueur. Son extrême beauté ne pouvant s'appercevoir en entier dans une seule figure, on s'est décidé à le dessiner vu en dessus (*pl.* 8), et en dessous (*pl.* 9).

[2] Latham donne à celui qu'il décrit 6 pouces anglais, et la grosseur du merle.

Le hausse-col doré. Pl. 8.

Le hausse-col doré. Pl.

des deux côtés; les intermédiaires sont d'un beau violet velouté; vues de face, elles paraissent d'une superbe couleur noire , et de plus ondées vers leur extrémité. On les croirait couvertes de cette fleur chatoyante qu'on apperçoit sur diverses prunes violettes, à l'époque de leur maturité, et dont la délicatesse ne peut supporter le plus léger attouchement : toutes ces pennes sont en dessous d'un beau marron. L'individu décrit et figuré dans l'ouvrage de M. Latham diffère de celui-ci, en ce qu'une bande du plus beau vert doré part des angles de la bouche, passe au-dessous des yeux, s'élargit à mesure , et finit sur le devant du cou en espèce de croissant ou hausse-col d'un demi-pouce au plus dans sa plus grande largeur. Depuis le croissant jusqu'à l'anus , la couleur est d'un vert sombre , traversée sur le milieu du ventre par une bande d'un vert brillant.

L'Auteur anglais lui trouve quelque affinité avec le quatrième de Valentyn , qui a quatre palmes de longueur, et est d'une couleur noire sans reflets remarquables : mais une description aussi courte ne peut suffire pour le déterminer [1].

Cet oiseau est dans le Muséum d'Histoire Naturelle.

---

[1] On a vu que le quatrième Oiseau de Valentyn est rapporté par Forster au Sifilet. Peut-être n'appartient-il à aucune des deux espèces. Il faut attendre qu'il soit mieux connu pour lui assigner sa vraie place.

LE CALYBÉ.

PLANCHE X.

Bec fort, formant une échancrure arrondie dans les plumes du front; douze pennes
à la queue; plumes veloutées près les mandibules.

L'Oiseau de Paradis vert. Sonnerat, Voy. — Le Calybé de la Nouvelle-Guinée.
Buffon, Ois. — Bluc-green Paradise bird. Latham, *Synop.* — *Paradisea viridis.*
Gmelin, *Syst. nat.*

Sonnerat, le premier qui ait fait connaître cet oiseau, dit qu'il se
trouve à la Nouvelle-Guinée. On l'a rangé parmi les Oiseaux de Paradis,
sans doute parce qu'il en a les plumes veloutées : mais il s'en éloigne par
la forme du bec, qui est beaucoup plus fort, plus gros, et prolongé sur
le crâne, de manière que les plumes du front font un angle rentrant,
au lieu d'en faire la pointe comme dans les précédens. De plus, cette
espèce est privée de ce luxe de plumes qui caractérise les autres ; sa
longueur est de 11 à 12 pouces : il a l'iris rouge, le bec noir et long de
17 lignes; le tour des mandibules et le front d'un noir de velours; la
tète est d'un vert-bouteille foncé, plus clair sur le cou ; les plumes de
la gorge, de la poitrine, sont rangées en écailles à reflets bleus, violets
et verts. Le dos est pareil; les ailes, la queue ont l'éclat et la couleur de
l'acier bronzé ; cette dernière est un peu arrondie ; les pieds sont noirâtres.

M. Latham rapporte à cet oiseau un individu dont la langue égale à
l'extrémité, était garnie de soies et la queue cunéiforme; les deux plumes
du milieu avaient 7 pouces, et les latérales 3 pouces 3 quarts anglais;
tout le plumage de la tête et du corps semblait glacé; chaque plume
étant entièrement frisée sur les côtés. La tête et le cou paraissaient avoir
des reflets verts, et le corps inclinait beaucoup au pourpre ; les ailes
manquaient [1].

---

[1] Forster dit que cette espèce (le Calybé) est inconnue, parce que l'individu sur lequel Montbeillard
a fait la description, était imparfait, et il ajoute qu'il y a tout lieu de croire qu'il avait perdu
les longues plumes qui sont au-dessus de la queue. J'ignore sur quoi il fonde cette opinion. Celui que
je décris est parfait, et a douze pennes à la queue; ce qui n'annonce pas un supplément de longs
filets, comme je l'ai observé ci-dessus.

Le Calibé. Pl. 10.

La variété des couleurs, la privation des faisceaux de plumes dans plusieurs individus rapportés aux précédens, prouvent que ces oiseaux diffèrent entre eux selon l'âge et les sexes, comme on le remarque chez tous ceux que la Nature a embelli de couleurs riches et éclatantes. Mais on connaît si peu ceux-ci, qu'on ne peut décider ce qui caractérise les jeunes, les vieux, les femelles et les mâles. Espérons que nos Naturalistes partis dernièrement, nous donneront des renseignemens plus étendus et plus certains sur leur histoire [1].

Cet oiseau fait partie de la collection du Muséum.

---

[1] S'ils nous apportent quelques individus nouveaux et quelques faits importans, nous les publierons dans un supplément à la fin de cet Ouvrage.

LE PARADIS ORANGÉ.

PLANCHE XI.

Jaune orangé ; tête huppée ; ailes et queue noires.

Golden bird of Paradise. Edwards, Av. Latham, *Synop.* — Le Troupiale des Indes. Brisson, Ornith. — Le Rollier de Paradis. Buffon, Ois. — *Oriolus aureus.* Linné. Gmelin, *Syst. nat.*

LE peu d'accord des Ornithologistes sur la vraie place de cet oiseau, prouve qu'il est des espèces qu'on ne peut classer, si on n'en connaît les habitudes et les mœurs, afin de les rapprocher de celles avec qui leur physique a le plus d'analogie. En attendant que celui-ci soit mieux connu, je l'ai placé à la suite des Oiseaux de Paradis, et lui en ai donné le nom d'après les Auteurs anglais. Montbeillard, comme je l'ai déjà dit, l'a mis entre ceux-ci et les Rolliers. Mais je crois qu'il ne peut être du genre du Troupiale, puisque la mandibule supérieure est échancrée ; ce qui n'existe pas dans cette dernière espèce. Ceux qui l'ont décrit jusqu'à présent se bornent à dire qu'il se trouve dans l'Inde. Mais dans quelle partie ? c'est ce qu'on ignore. Cet individu a 8 pouces et demi de longueur ; son bec un pouce ; les mandibules sont de couleur de corne, et noires vers leur extrémité ; une petite huppe d'une belle couleur aurore, plus foncée à la base du bec, décore la tête ; le cou, la poitrine sont pareils ; le ventre est d'un jaune doré ; les plumes du dessus du cou sont plus longues que les autres, soyeuses, étroites et flottantes sur les côtés. L'espèce de velours qui distingue les Oiseaux de Paradis se remarque de même sur la tête et la gorge de celui-ci ; les pennes des ailes, depuis leur naissance jusqu'aux deux tiers, et les secondaires, sont jaunes ; l'autre tiers, l'extrémité de ces dernières, le pli de l'aile, les très-petites couvertures, les plumes qui bordent la mandibule inférieure, le menton, le gosier et la gorge, sont d'un beau noir qui se termine en pointe sur cette dernière ; les pennes de la queue ont une très-petite tache jaune sur le milieu de leur extrémité. Les pieds sont pareils au bec.

L'individu qu'on a dessiné est parfait, et a été communiqué par Dufrène.

Le Paradis orangé. Pl. 11.

Le Paradis orangé n.º Pl. 12

LE PARADIS ORANGÉ *(Variété).*

PLANCHE XII.

Tête huppée; plumage jaune orangé; ailes et queue d'un brun vert.

Cet individu ne diffère du précédent que par la couleur de ses ailes et de sa queue; les dernières plumes secondaires sont bordées de jaune à l'extérieur, et d'un vert foncé à l'intérieur. Cette même couleur couvre les pennes de la queue depuis le milieu jusqu'à leur extrémité; le reste est jaune : cependant on en remarque quelques-unes qui sont bordées de même dans toute leur longueur. La taille, la grosseur et le bec sont pareils à ceux du précédent; les nuances qui distinguent ces deux individus ne sont peut-être qu'une différence d'âge ou de sexe.

Cet oiseau est dans le Muséum d'Histoire Naturelle.

Valentyn fait mention dans le Voyage de Forrest, de trois autres Oiseaux de Paradis. Je crois qu'ils n'ont pas été apportés en Europe [1]. Je me bornerai donc à la seule description qu'en donne ce Voyageur, qui le premier les a fait connaître.

Le premier est l'Oiseau de Paradis noir [2]. Cette nouvelle espèce a été vue, dit-il, pour la première fois, à Amboine en l'année 1689, et y a été apportée de *Messowal.* Sa longueur est d'environ un pied; sa couleur d'un beau pourpre; la tête est très-petite, ainsi que les yeux qui sont entourés de noir; le bec est droit, et le dos, comme dans diverses espèces, orné de plumes d'un bleu pourpre; mais elles sont jaunâtres dessous les ailes et sur le ventre comme dans les Emeraudes. Le derrière du cou est d'une couleur de souris mêlée de vert. Cette espèce a cela de particulier, qu'elle a sur les épaules des paquets arrondis de plumes bordées de vert, qu'elle peut élever ou étendre à volonté comme les ailes. A la place de la queue, il y a douze filets noirs, nus, qui pendent les uns à côté des autres. Les pieds sont forts et armés d'ongles aigus. Cet oiseau était sans ailes.

Le second est l'Oiseau de Paradis blanc [3]. Cette espèce est

---

[1] Si on peut se les procurer, on en donnera les figures.
[2] New species of black Paradise bird.
[3] *Paradisea alba.* Gmelin. — The White Paradise bird. Valentyn.

la plus rare de toutes. On en voit peu totalement blancs : il ressemble pour la forme à l'Oiseau de Paradis des Papoux [1]. Le troisième [2] est noir par devant, et blanc par derrière : il a douze filets contournés en spirale et presque nus. Cette espèce est aussi très-rare : on ne se la procure que chez les peuples de Tidor, parce qu'elle ne se trouve que dans les îles des Papoux peu fréquentées, particulièrement à *Waigyou*. On soupçonne qu'elle y est importée de *Serghyle* dans la Nouvelle-Guinée.

M. Latham a fait connaître une nouvelle espèce, qu'il nomme OISEAU DE PARADIS A AILES BLANCHES (*White winged Paradise bird*) [3]. Il a, selon lui, 25 pouces ou plus ; le bec d'un pouce de long est presque droit et noir ; les plumes sur le menton atteignent presque l'extrémité du bec ; la couleur générale du plumage est noire ; le derrière du cou de couleur de cuivre ; les pennes des ailes sont blanches, avec leurs bords extérieurs noirs ; la queue consiste en 10 pennes ; les deux du milieu sont longues de 19 à 20 pouces ; les secondes de 16, les troisièmes de 12, les quatrièmes de 9, et les deux extérieures seulement de 7. Les ailes, lorsqu'elles sont ployées, s'étendent environ 3 pouces [4] sur la queue. Cet Auteur ajoute qu'il n'a pu déterminer si cet oiseau a un plumage à reflets, ne l'ayant vu que dans un endroit obscur.

Divers Auteurs [5] parlent d'un autre nommé PARADIS HUPPÉ (*Manucodiata cirrhata*. ALDROV.). Cet oiseau a 18 pouces de longueur ; le bec long, noir et crochu ; les plumes de la tête, du cou et des ailes sont noires, et celles de la jointure du bec sont jaunes. Il a sur l'occiput une huppe de près de 3 pouces de haut, jaune, et qui paraîtrait plutôt composée de soies que de plumes.

---

[1] Le petit Emeraude de cet Ouvrage.

[2] Wayghihu Latham. Index.

[3] Supplement to the general Synopsis of birds.

[4] Toutes ces mesures sont anglaises.

[5] Montbelliard lui trouve du rapport avec le Magnifique ; mais il en diffère par plus de longueur dans la taille, le bec, la queue, et sur-tout par la huppe. La figure qu'en donne Aldrovande est si mauvaise, qu'il est impossible d'y reconnaître l'oiseau qu'il décrit. Latham en fait aussi mention à l'article du Magnifique.

FIN DES OISEAUX DE PARADIS.

SUPPLÉMENT

A

L'HISTOIRE NATURELLE

DES OISEAUX DE PARADIS.

LE MANUCODE A DOUZE FILETS.

PLANCHE XIII.

Parties antérieures noires ; parties postérieures blanches ; douze filets à la queue.

J'ai fait (pag. 28) une description très-succincte de cet oiseau, dont parle Valentyn, dans le *Voyage de Forest*. Son extrême rareté nous faisait regretter de ne pouvoir en donner la figure ; mais, depuis peu, M. Parkinson, qui saisit tout ce qui peut contribuer à la perfection de cet Ouvrage, vient de nous en faciliter les moyens, en obtenant de M. Woodfort du Vauxhall, la liberté de nous communiquer le dessin qu'il possède dans sa collection : l'oiseau est peint de grandeur naturelle, d'après un individu qui appartient à M. Gibson.

La tête, le cou, le haut du dos et de la poitrine de ce Manucode sont d'un beau noir velouté, dont il rejaillit, sous divers aspects, des reflets violets ; les plumes qui recouvrent ces diverses parties sont longues, effilées et comme frisées ; le blanc règne sur le reste du dos et de la poitrine, sur le croupion, le ventre et les cuisses ; plusieurs plumes d'un vert brillant à reflets bleus, plus longues, plus larges que celles qui les avoisinent, parent les flancs vers l'origine des subalaires : celles-ci sont conformées à-peu-près comme celles des Emeraudes, mais elles paraissent plus larges ; leurs barbes sont effilées, flottantes et d'un blanc nuancé de jaune tendre ; les douze filets sont presque nus ; ils dépassent d'environ quatre pouces les plumes subalaires, et se contournent en divers sens. Longueur totale, neuf pouces et demi ; bec, noir, vingt-six lignes.

Cet individu était mutilé de ses ailes : il est à présumer, d'après la description de Valentyn, qui probablement l'a vu dans un état parfait, qu'elles sont de la couleur des parties antérieures. Quant aux pieds, dont il était aussi privé, on leur a donné la teinte du bec qui, dans la plupart des oiseaux, est ordinairement la même.

8

LE PARKINSON MALE. [1]

PLANCHE XIV et XV.

Gris; gorge et ailes rousses; queue composée de seize plumes très-longues et de diverses formes.

Plusieurs oiseaux de cette espèce ont été, depuis peu, apportés des Terres australes en Angleterre. M. Parkinson, auquel nous sommes redevables de la plupart des espèces rares que nous avons fait connaître dans cet Ouvrage, n'a rien négligé pour nous mettre à portée d'offrir celle-ci dans toute sa perfection. Il a guidé l'artiste qui l'a dessiné d'après nature : couleurs, dimensions, détails de toutes les parties du corps, tout a été scrupuleusement rendu et observé. Aussi les descriptions et les figures que nous donnons de deux individus de cette race dans un âge différent, ne laissent rien à desirer, et notre reconnaissance envers M. Parkinson, sentiment que les Naturalistes partageront, nous a engagés à lui consacrer, en quelque sorte, l'oiseau rare et nouveau dont nous nous occupons, en lui donnant le nom de cet estimable Amateur.

Au premier coup-d'œil cette espèce présente dans son ensemble de très-grands rapports avec certains gallinacés [2] : néanmoins, d'après la

---

[1] La figure représente l'oiseau aux trois quarts de sa grandeur naturelle.

[2] Le petit Tetras (*Tetrao tetrix*) et le Faisan, sont de tous les gallinacés, ceux avec lesquels cet oiseau a le plus d'analogie. Il se rapproche du premier par ses pieds privés d'éperons, et par la courbure de quelques pennes caudales. Ses rapports avec le dernier consistent dans la forme totale du corps, et la longueur de la queue; mais il diffère des deux par les doigts, les ongles, la disposition des plumes qui sont à la base de la mandibule supérieure; et spécialement du Faisan, par ses tarses sans éperons, et par la manière de porter sa queue; car il a la faculté, dont celui-ci est privé, de la relever à volonté : et quelque extraordinaire que paraisse cette habitude, l'on ne peut guère en douter, lorsque l'on remarque que l'extrémité des pennes n'est nullement endommagée (du moins dans les individus que je décris), au lieu que celles des Faisans sont toujours usées vers le bout. De plus ce fait est attesté par tous les Voyageurs anglais qui ont vu l'oiseau vivant. *The tail is erected: several gentleman, who have seen the bird in wild state, concurr in asserting that in invariably set it up, when resting on the ground, etc.* dit M. Parkinson. Il résulte, ce me semble, de ces divers rapprochemens, que cet oiseau est un gallinacé; mais qu'il diffère de tous ceux connus par des caractères qui lui sont particuliers. Des Naturalistes anglais en font un Oiseau de Paradis ; sans doute d'après la forme et la singularité des pennes caudales. Je ne me permettrai pas de discuter s'il est à sa place : pour lui en assigner une vraie, il faudrait connaître ses mœurs, sa manière de vivre et toutes ses habitudes. Aussi ce n'est pas dans l'intention de l'identifier avec eux, que je l'ai placé à leur suite ; mais pour témoigner notre reconnaissance aux Souscripteurs de cet Ouvrage, en leur faisant connaître cette nouvelle, rare et belle espèce, qui n'a été, jusqu'à présent, ni décrite, ni figurée.

Le Parkinson mâle. Pl. 11.

singularité et la beauté de sa queue, des Naturalistes et des Voyageurs anglais la mettent au rang des Oiseaux de Paradis [1]. Elle n'a pas, il est vrai, la richesse, ni le luxe de leurs plumes; mais, quoique sa robe n'ait pour parure que de simples couleurs, elle peut, cependant, figurer parmi ces beaux oiseaux; car à un plumage soyeux, celui-ci joint la taille élégante du Faisan, le port et la démarche du Paon; mais ce qui surtout le fait distinguer, c'est la longueur, la forme extraordinaire, l'accord des différentes pennes de sa queue. Les unes sont remarquables par leurs barbes longues, flottantes, décomposées, et d'une telle légéreté, qu'elles sont le jouet du souffle le plus léger; d'autres ont une largeur peu ordinaire et la transparence du cristal; les deux intermédiaires ont la tige très-forte, et sont très-étroites : toutes ont une longueur d'une belle proportion, et plusieurs décrivent, en se relevant, des contours agréables. Cet oiseau semble craindre d'en altérer la fraîcheur, et d'en détruire l'harmonie; car, dès qu'il se pose à terre, il les porte relevées, suivant le témoignage de tous ceux qui l'ont vu vivant.

La Nouvelle-Hollande est sa patrie, les cantons couverts de roches sont les lieux qu'il préfère. L'on n'a pas d'autres notions sur son genre de vie. Il n'est pas encore assez connu pour être apprécié. Peut-être qu'en l'observant mieux, l'on découvrira qu'il possède des qualités précieuses et utiles, et que digne rival, par la délicatesse de sa chair, des oiseaux que l'Europe doit aux autres parties du monde, il mérite, ainsi qu'eux, d'y être naturalisé.

Des plumes grises, fines, soyeuses, longues d'environ un pouce, couvrent sa tête, et prennent la forme d'une huppe, dans les momens où quelques passions agitent l'oiseau. Celles du corps sont fibreuses, déliées et de la même couleur, mais plus claire sur la poitrine, le ventre, et plus pâle sur le bas-ventre. Le roux domine sur la gorge, les couvertures et les pennes des ailes; il est d'un ton plus vif sur la première partie que sur les autres : la queue a trois sortes de plumes [2]. Des seize qui la composent, douze qui sont d'un gris bleuâtre, ont les barbes très-longues, presque nues, éloignées, les unes des autres, dans toute leur étendue. Ces plumes sont garnies seulement, vers leur origine, d'un duvet épais [3].

---

[1] Les espèces réunies dans le genre des Oiseaux de Paradis varient, comme je l'ai déjà dit, dans les caractères tirés du bec et de la queue. Il en serait de même pour celle-ci; car elle a la base de la mandibule supérieure recouverte de plumes, en forme de soies qui, de même que celles du Corbeau, se prolongent en avant sur les narines : de plus elle en diffère par le nombre des pennes caudales.

[2] La conformation singulière de ces plumes nous a décidés à les figurer séparément. (*Voy.* pl. 15.)

[3] Ibid. n° 2.

Des quatre autres, deux ne paraissent barbées que d'un côté. Ces barbes sont courtes, serrées, et celles de l'extrémité sont écartées et privées de barbules [1]. Ces pennes sont les plus longues de toutes, et se recourbent en arc vers le bout. Les deux dernières [2] ont leur convexité du côté opposé à celles des deux précédentes, lorsqu'elles sont relevées : les barbes de ces pennes sont courtes à l'extérieur, longues à l'intérieur, gris-brun en dessus, blanches en dessous, et serrées depuis la tige jusqu'au tiers de leur longueur; ensuite elles sont moins pressées, et finissent par se séparer un peu les unes des autres : alors leur couleur se change en brun foncé et brun roussâtre, dont une partie offre la transparence du cristal. Ces deux teintes sont indiquées par seize bandes larges et alternatives. Enfin les plumes sont terminées par un noir-velouté frangé de blanc; cuisses, couvertes de plumes jusqu'aux genoux. Grosseur du Faisan doré; longueur totale, trente-sept à trente-huit pouces; quinze, depuis le bec jusqu'à l'origine de la queue; iris, noisette; peau nue autour des yeux; narines, oblongues, placées vers le milieu du bec; mandibule supérieure, un pouce trois quarts; inférieure, un peu plus petite; ailes, onze pouces six lignes, et dépassant un peu la naissance de la queue, dont deux pennes (les plus étroites) ont vingt-deux pouces, et les autres vingt; pieds, forts, couverts d'écailles, ainsi que les doigts; ongles, longs et crochus; doigt du milieu, dix-huit lignes; ongles, un pouce un quart; doigt postérieur, et l'ongle, vingt-une lignes chacun; bec, robuste, conique, convexe, très-faiblement arqué à son extrémité, noir, ainsi que les pieds.

Ayant eu le choix parmi plusieurs individus, celui dont nous donnons la figure, est dans toute sa fraîcheur. La couleur grise qui domine sur le dessus du corps de cet oiseau, varie du clair au très-foncé. Cela paraît dépendre de l'âge.

Cet oiseau a été dessiné à Londres par Syd. Edwards, et il est depuis peu dans la collection de Desray.

---

[1] *Voy.* pl. 15, n° 1.

[2] Ibid. n° 3. Cette plume est figurée vue en dessous.

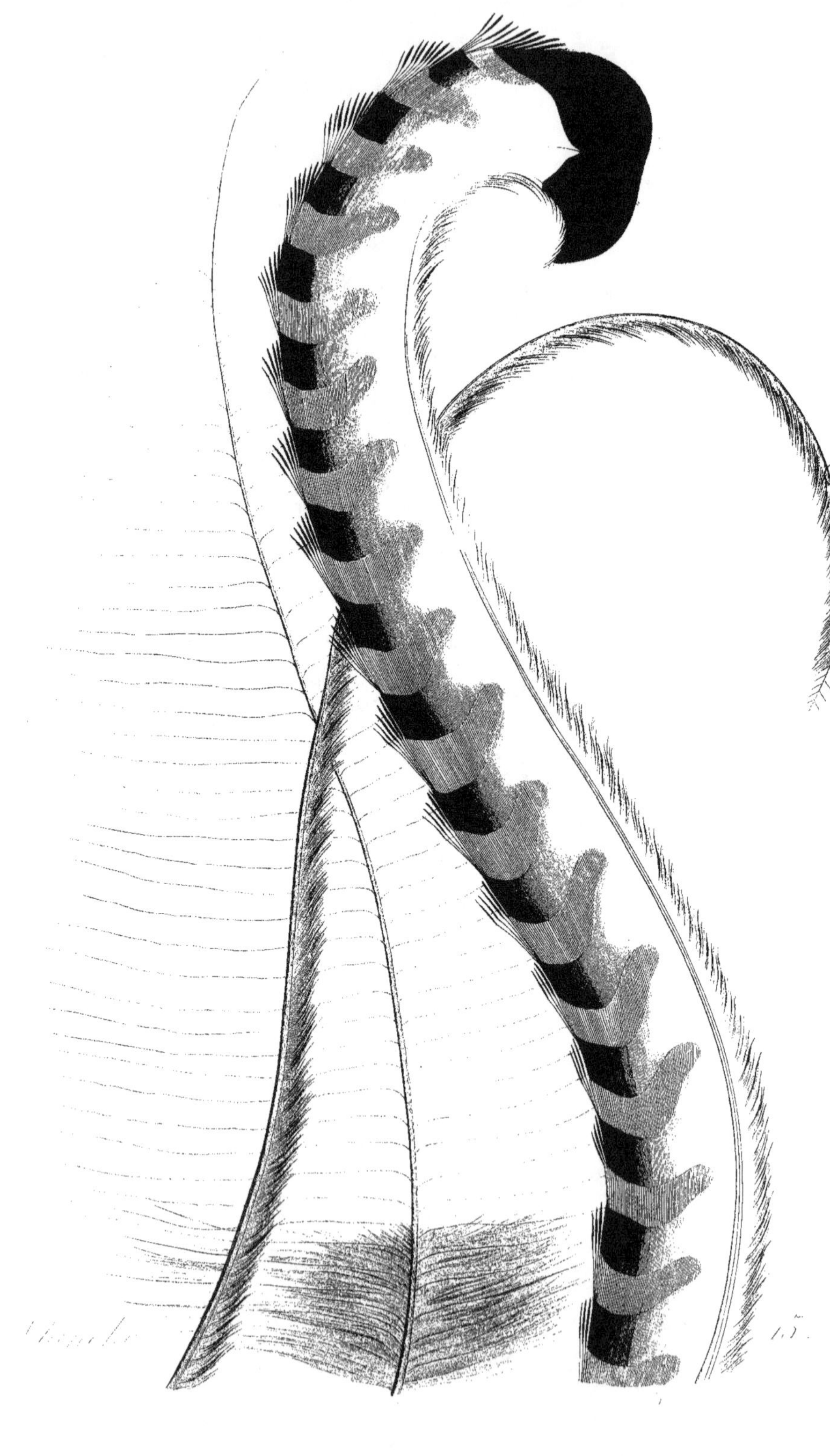

LE PARKINSON JEUNE AGE. [1]

P L A N C H E   X V I.

Gris ; queue autrement conformée que celle du précédent.

De tous les oiseaux que nous avons décrits, il en est peu que la Nature n'ait favorisés de nuances vives et variées. Sur les uns, elle a répandu la fraîcheur, le moelleux du plus brillant coloris ; sur d'autres, elle a réuni ce que chacune de ses productions les plus précieuses a de richesses et d'éclat. A l'espèce de velours [2] et aux reflets dorés de quelques-uns, tels que les Oiseaux de Paradis, elle a joint des faisceaux de plumes soyeuses, d'un tissu et d'une forme agréable ; pour la plupart des Colibris et des Grimpereaux, une riche parure n'est l'attribut que des mâles : en est-il de même pour les Manucodes? Sur ce point les Naturalistes ne sont pas d'accord. Plusieurs signalent quelques femelles par des dissemblances peu sensibles. Un habile Ornithologiste moderne, en leur accordant des teintes presqu'aussi belles que celles des mâles, leur refuse les ornemens qui distinguent ces derniers : néanmoins, après avoir ainsi indiqué des femelles, il doute que cette privation soit réellement leur caractère distinctif ; car il avoue que les individus qu'il donne pour tels, peuvent bien être des jeunes mâles. D'après leur peinture, si elle est fidèle, cette dernière opinion me paraît la plus vraisemblable. Comme jusqu'à présent, tous les Voyageurs et les Naturalistes qui ont parlé des Oiseaux de Paradis, ne l'ont fait que d'après des peaux desséchées, tronquées, et d'après un plumage souvent décoloré, je crois qu'ils n'ont pu constater le caractère distinctif des sexes. Il en est de même pour l'oiseau que je décris. Des

---

[1] La figure représente l'oiseau réduit de moitié.

[2] Quoique l'Auteur d'un nouvel Ouvrage sur les Oiseaux de Paradis ait traité d'obstinés tous les Ornithologistes modernes qui ont dit, ainsi que les anciens, et notamment Buffon, que la tête et la gorge de plusieurs de ces oiseaux étaient couvertes *d'une espèce de velours formé,* dit Montbeillard, *de petites plumes droites, courtes, fermes et serrées,* je n'en persiste pas moins à dire que ce velours paraît naturel, et n'est pas dû, comme le prétend cet Ornithologiste, à la mauvaise préparation, ni au racornissement de la peau. Il suffit pour s'en convaincre de voir un de ces oiseaux avec la tête de grosseur naturelle, tel qu'il y en a un au Muséum. Si cette preuve n'est pas suffisante, qu'on examine dans un autre la tête où la partie antérieure du crâne est restée, l'on verra que les plumes qui sont autour du bec et sur le front, ne diffèrent en rien des autres : cependant celles-ci n'ont pu subir aucun rapprochement, puisque les parties maxillaires et le front étant restés en entier, la peau n'a pu se racornir. Il n'en est pas de même pour le dessus de la tête et la gorge, la peau étant isolée de tout soutien, elle a dû, d'après l'espèce de préparation que lui donnent les Indiens, subir un racornissement qui a occasionné le rapprochement des plumes, mais trop faible pour en changer la nature au point d'être telles que le dit ce Naturaliste.

Ornithologistes le regardent comme une femelle, parce que sa queue diffère par le nombre, la longueur et la conformation de presque toutes ses pennes. D'autres le désignent pour un mâle dans son jeune âge, d'après deux pennes caudales totalement pareilles à deux de celles du précédent, et d'après les barbes longues et flottantes qui commencent à se développer à l'extrémité de quelques autres. Quoique j'aie adopté cette opinion, je crois qu'on ne peut avoir un indice certain sur ce qui distingue le mâle de la femelle, sans les avoir observés dans leur état naturel, sur-tout dans le temps de leurs amours; car peut-être n'existe-t-il pas de différence entre eux. Mais ce qui n'est pas douteux, c'est que la queue de ces oiseaux subit dans sa forme plusieurs changemens, avant d'être parvenue à sa perfection. J'en juge d'après quelques individus que je regarde comme des jeunes. Les uns ont les pennes caudales plus ou moins dissemblables à celles du précédent; plusieurs sont privées des deux pennes intermédiaires. Un autre dont les couleurs et la forme de la queue indiquent un plus jeune oiseau que ceux-ci, a un plumage très-ordinaire. (Peut-être est-ce la vraie femelle?) Les plumes de la tête sont courtes, la teinte est généralement, à l'exception du ventre qui est cendré, d'un brun sale foncé : les pennes caudales sont au nombre de douze ; les plus longues ont dix-sept pouces et demi, et les latérales dix ; les autres diminuant graduellement, donnent à la queue une forme cunéiforme. Toutes ces pennes ne sont pas autrement conformées que celles des autres oiseaux. Longueur totale, trente-trois pouces environ.

Ce jeune mâle est privé des deux pennes figurées pl. 15, n° 1 : sa queue n'est composée que de quatorze pennes : la plus extérieure de chaque côté est pareille à celle figurée ' ibid. n° 3, et des mêmes couleurs, mais elle est plus courte d'environ cinq pouces ; de plus elle est moins arquée: les cinq suivantes sont un peu moins larges, et quelques-unes, vers leur extrémité, ont les barbes très-écartées : les deux intermédiaires ont un pouce de plus que les autres, et se recourbent en dehors; du reste elles sont conformées comme celles qui les avoisinent : toutes sont en dessus d'un gris plus foncé que le corps : queue quinze pouces et demi; mêmes proportions et même plumage que le précédent.

Cet individu a été dessiné à Londres par Syd. Edwards, et depuis peu fait partie de la collection de Desray.

' La transparence de cette plume est due à ce que les barbes sont, dans cette partie, privées de barbules.

FIN DU SUPPLÉMENT AUX OISEAUX DE PARADIS ET DU TOME SECOND
ET DERNIER DES OISEAUX DORÉS OU A REFLETS MÉTALLIQUES.

TABLE GÉNÉRALE
DES MATIERES.

GRIMPEREAUX.

H

R

ROSSIGNOL DE MURAILLE DES INDES (le) de Sonnerat, rangé parmi les Grimpereaux par Latham.

S

SOUÏ-MANGAS (les) ont été confondus par les Voyageurs avec les Colibris. N'habitent que l'Afrique et l'Asie. La plupart vivent du suc des fleurs et d'insectes ; quelques-uns vivent en captivité, de mouches et d'eau sucrée, 3. Ce nom a été généralisé à tous les oiseaux de cette tribu, par Montbeillard, pour les distinguer des autres Grimpereaux, 11. Une espèce de Madagascar est connue sous ce nom, 4. Quelques-uns ont un chant mélodieux. Les mâles ordinairement plus brillans que les femelles, 6. Ont presque tous les mandibules dentelées comme une scie. Quelques-uns ont le bec court et peu arqué, 9. L'abbé Ray et les Ornithologistes de l'Encyclopédie méthodique sont dans l'erreur, lorsqu'ils disent que ces oiseaux ne sucent pas les fleurs, 10. Il est difficile de bien déterminer les espèces, à cause de leurs couleurs et de leur changement de plumage, 15. Plusieurs paraissent au premier apperçu appartenir à la même race. Ils diffèrent dans les détails, 16. Adanson dit que parmi les Souï-mangas, les deux sexes se ressemblent, 17. D'autres Voyageurs qui les ont observés dans leur pays distinguent les femelles par des couleurs plus communes, 17, 20

SOUÏ-MANGAS (jeunes). Celui de la pl. 26 a du rapport avec celui à collier et l'Éclatant. Sa description, 48. Celui de la pl. 26 bis a de l'analogie avec le Souï-manga pourpre. Descript. ibid.

SOUÏ-MANGA (le) se trouve à Madagascar. Est ainsi appelé par les habitans de cette île. Sa description, 39. A une variété selon Montbeillard. Sa description. C'est plutôt une espèce particulière nommée par Gmelin Certhia manilensis, 40. Celui figuré sous le nom du Souï-manga jeune âge peut encore être rapporté à d'autres espèces de même taille. Sa description, 41

SOUÏ-MANGA AUX AILES JAUNES (le) habite le Bengale. Sa description, 65

SOUÏ-MANGA A BEC DROIT (le). Motifs qui ont décidé à le placer à la suite des Grimpereaux, 13. A des rapports dans son plumage avec les Souï-mangas ; en diffère par le bec. Description, 112

SOUÏ-MANGA A BEC ROUGE (le) habite l'Inde. Sa description, 64, 65

SOUÏ-MANGA AU BEC EN FAUCILLE (le), espèce nouvelle de Latham. Rangé dans cette tribu d'après ses couleurs. Sa description, 67

SOUÏ-MANGA A CAPUCHON VIOLET (le) habite au Cap de Bonne-Espérance. Description, 61

SOUÏ-MANGA A CEINTURE BLEUE (le) a du rapport avec le Souï-manga à collier de Buffon. En diffère par la grosseur et la longueur, a beaucoup plus de rouge. Ne peut en être une variété. Est une espèce particulière. Sa description, 28

SOUÏ-MANGA A CEINTURE MARRON (le) est rapporté au Grimpereau pourpré des Philippines de Brisson ; n'en diffère que par la nuance de la couleur de la poitrine. Habite les Philippines. A le chant du Rossignol, selon Séba. Sa description, 37. Celle de la femelle, 58

SOUÏ-MANGA A CEINTURE ORANGÉE (le). Desc. 56

SOUÏ-MANGA A COLLIER (le) se trouve communément à la côte d'Afrique. A été confondu par des Ornithologistes avec d'autres. Sa femelle n'est pas déterminée. Divers Auteurs lui en assignent une sous un plumage différent de celles indiquées

par Montbeillard, dont l'une est un jeune mâle ; l'autre en diffère trop par la taille, 32. Le Grimpereau du Cap de Bonne-Espérance de Brisson paraît être la vraie. A un chant mélodieux. Se nourrit d'insectes et de miel. A le gosier si étroit, qu'il ne peut avaler des mouches ordinaires. Sa description, 33. Le plumage du jeune est presque uniforme. Sa description, 34

SOUÏ-MANGA A COLLIER NOIR (le) habite l'Afrique. Desc. A une variété. En quoi elle diffère, 117

SOUÏ-MANGA A CRAVATE VIOLETTE (le) a les plus grands rapports avec le Grimpereau gris des Philippines de Brisson. Ne peut être une variété du Grimpereau olive à gorge pourpre de Buffon. Est un jeune oiseau en mue. Sa description, 35, 36

SOUÏ-MANGA A CRAVATE BLEUE (le) donné par Montbeillard pour une variété d'âge de celui à cravate violette. Latham le regarde comme la femelle. Brisson et Linné comme une espèce. Donné ici pour un jeune d'une autre race, 55

SOUÏ-MANGA A DOS ROUGE (le) a de grands rapports avec le Souï-manga rouge et noir de Montbeillard. Se trouve à la Chine. Sa description, 57. N'a pas le bec dentelé, 58, note.

SOUÏ-MANGA A FRONT DORÉ (le), espèce nouvelle. Ses couleurs brillantes sont isolées sur quelques parties du corps. Ses mœurs, ses habitudes sont inconnues. Doit, d'après la forme de sa langue, se nourrir de miel et d'insectes. Habite au Cap de Bonne-Espérance. Sa description, 21. Description du jeune, 22

SOUÏ-MANGA A FRONT ET JOUES NOIRES (le) habite l'Afrique. Sa description, 120

SOUÏ-MANGA A GORGE BLEUE (le), donné par Montbeillard sous le nom de Souï-manga olive à gorge pourpre. Est le même que celui de Sonnerat, fig. A. Se trouve à l'île de Luçon. Sa description, 51. Sa femelle a un pouce de moins que le Grimpereau des îles Philippines de Brisson, auquel Montbeillard la rapporte. Sa descript. 52

SOUÏ-MANGA A GORGE VIOLETTE (le), regardé par Montbeillard comme une variété du Souï-manga marron pourpré à poitrine rouge. Sa description, 54. Cet oiseau, dans son jeune âge, est donné par cet Auteur comme une autre variété du même, et pour espèce par Brisson et Linné. Sa description, 55, note.

SOUÏ-MANGA A LONG BEC (le). Sa description, 65

SOUÏ-MANGA A LONGUE QUEUE (le grand) habite au Cap de Bonne-Espérance. Vit en volière. Sa description, 59. La femelle n'est pas celle désignée par Montbeillard. Sa description, 60

SOUÏ-MANGA A LONGUE QUEUE (le petit) habite à Malimbe. Vit de même que les Colibris. Sa description. A des rapports avec le Souï-manga vert doré changeant à longue queue de Buffon. En quoi il diffère. Desc. de la fem. 62, 63, note 1, 2

SOUÏ-MANGA A PLUMES SOYEUSES (le), donné par Latham pour une variété du Certhia afra. En quoi il diffère. Habite l'Afrique. Desc. 119, 120

SOUÏ-MANGA A QUEUE FOURCHUE (le) se trouve au Cap de B.-Espérance, selon Sparman. Desc. 64

SOUÏ-MANGA A TÊTE BLEUE (le), espèce nouvelle. Se trouve à Malimbe sur la côte d'Afrique. Sa nourriture. Sa description, 23, 24

SOUÏ-MANGA A TOUFFES JAUNES (le) est probablement une femelle ou un jeune. Descript. 65

OISEAUX DE PARADIS.

B

C

FIN DE LA TABLE.

ERRATA.

GRIMPEREAUX.

www.ingramcontent.com/pod-product-compliance
Lightning Source LLC
Chambersburg PA
CBHW061259030726

47595CB00001B/134